BASTEI
LÜBBE
TASCHENBUCH

Dieser Titel ist auch als E-Book erhältlich

Carolin Wittmann

Ärztekind

Aufwachsen
mit Risiken und Nebenwirkungen

BASTEI
LÜBBE
TASCHENBUCH

BASTEI LÜBBE TASCHENBUCH
Band 60097

1. Auflage: April 2013

Dieses Buch beruht auf Tatsachen. Einzig zum Schutz der Rechte der Personen wurden Namen, Orte und Details geändert.

FSC
www.fsc.org
MIX
Papier aus verantwortungsvollen Quellen
FSC® C006701

Dieser Titel ist auch als E-Book erschienen

Originalausgabe

Lektorat: Susanne Haffner
Textredaktion: Sylvia Gredig, Köln
Titelfoto: © AMX Design
Umschlaggestaltung: Pauline Schimmelpenninck,
Büro für Gestaltung, Berlin
Satz: hanseatenSatz-bremen, Bremen
Gesetzt aus der Candida Std
Druck und Verarbeitung: CPI books Ebner & Spiegel, Ulm
Printed in Germany
ISBN 978-3-404-60097-7

Sie finden uns im Internet unter
www.luebbe.de
Bitte beachten Sie auch: www.lesejury.de

Der Preis dieses Bandes versteht sich einschließlich der gesetzlichen Mehrwertsteuer.

Für P.

Lieber Papa,

wenn du diese Zeilen liest, dann liest du sie leider ein halbes Jahr zu spät. Das Buch ist veröffentlicht, und deine Persönlichkeitsrechte wurden mit Füßen getreten. Das bedauere ich aufrichtig. Ich sage dir aber gleich, dass ich einen sehr guten Anwalt kenne, der mich notfalls aus der Sache rausboxt. Und eine Haftpflichtversicherung habe ich mittlerweile auch, und ich bin sogar im ADAC. Spätestens seit deinem nicht ganz freiwilligen Aufenthalt in China finde ich die Vorstellung tröstlich, dass mir die Gelben Engel zumindest theoretisch und laut Prospekt einen Learjet chartern und mich aus dem Land fliegen werden, wenn mich mein jahrelanger Nikotinabusus, mein nicht wegzudiskutierendes Übergewicht und meine chronische Unsportlichkeit zur Notfallpatientin gemacht haben.
Bevor du dich nun in dieses Buch vertiefst, solltest du wissen, dass ich es wirklich nicht schlimm finde, in meiner Kindheit keine Pflaster mit lustigen Tiermotiven, ja, wenn ich genau darüber nachdenke, gar keine Pflaster bekommen zu haben. »An der Luft verheilt's am besten«, hast du immer gesagt, und du hast immer recht gehabt.
Ich nehme es dir auch nicht krumm, dass du mir jedes Mal, wenn du mir eine Spritze gegeben hast, zuerst mit Indianerblut, diesem desinfizierenden roten Zeug, auch Mercurochrom genannt, eine Zielscheibe auf den Oberarm gemalt und dann die Spritze geworfen hast. Die Zielscheibe trug ich, dein bemitlei-

denswertes Opfer, eine Weile lang gut sichtbar als Zeichen meiner Niederlage auf der Haut, denn Mercurochrom machte hartnäckige Flecken. Aber als dein Patientenkind wusste ich zum Glück, dass die Halbwertszeit deines künstlerischen Ergusses höchstens eine Woche betrug. Mittlerweile ist Mercurochrom wegen seines zu hohen Quecksilbergehalts vom Markt genommen.
Na ja. Erst im Nachhinein weiß ich das leuchtende Fadenkreuz, das du mit dem Wattestäbchen aufgepinselt hast, so richtig zu schätzen. Und zwar als todsicheres Indiz für das weniger schmerzhafte Werfen der Spritze. Denn nach der ungewohnt epischen Ankündigung »Das wird jetzt ein bisschen pieksen« einer Ärztin, die mir bei meiner ersten Außer-Haus-Injektion jeden ihrer Schritte genauestens mitteilte, spürte ich, wie weh es tut, wenn sich eine Spritze gaaanz langsam unter die Haut schiebt.
Leider haben sich nicht alle Ausformungen deines Erziehungs- und Lebensstils, die ich als Kind verflucht habe, in der Rückschau als Segen herausgestellt. Tatsächlich war es eine mehr als große Herausforderung, deine Tochter zu sein, wobei ich zugeben muss, dass es sicher Leute gibt, die dich um eine Tochter, die ein derart schonungsloses Buch über ihren Vater schreibt, nicht beneiden würden. Aber von dir habe ich gelernt, dass man auf die Meinung anderer Leute nichts geben soll. Du bist ein besonderer, ein anstrengender und manchmal auch besonders anstrengender Mensch, aber dank dir habe ich gelernt, die Arschbacken zusammenzukneifen, vor allem dann,

wenn du versucht hast, ein Zäpfchen hineinzuschieben.
Ich weiß, du hattest immer Angst, dass deine Brut verweichlicht. Deswegen hast du penibel darauf geachtet, dass wir nicht zu viele Impfungen bekommen oder Tabletten schlucken oder in unserer Gesamtheit zu elendigen Jammerlappen verkommen. Du kannst dir sicher sein, dass das nicht der Fall ist. Wir sind hart im Nehmen und viel belastbarer, als du womöglich glaubst. Und das, was dich fast getötet hat, hat uns am Ende tatsächlich noch härter gemacht.
Ich habe dich sehr lieb und bin froh, dass die Reisfresser dich nicht mit den Füßen voran nach Hause geschickt haben.

Deine Caro.

PS: Wenn ich das nächste Mal nach einem Pillenrezept frage, verkneif dir doch bitte den Hinweis auf die Thrombosegefahr für Raucher. Wer im Glashaus sitzt, sollte bei der Steinauswahl vorsichtig sein.

I. Anamnese

1. Alle für einen

Als meine beiden Schwestern und ich noch klein waren, nahmen uns unsere Eltern häufig mit in die Praxis. Das war eine zauberhafte, eine wunderbare Welt! Auf Tischen, in Regalen und hinter Türen standen geheimnisvolle Skelette und Wirbelsäulenmodelle herum. Vor allem Otto, das große Ganzkörperskelett, wuchs uns Kindern mit der Zeit regelrecht ans Herz, aber nicht wegen seiner großen traurigen Hohlaugen und der lustigen, schlaksigen Gestalt, sondern weil man mit Ottos Knochenhand andere so hervorragend erschrecken konnte, wenn man sie von hinten über die Schulter zum Hals hinaufschob. Der Aufbau eines Herzens, das Innenleben des weiblichen oder männlichen Beckens oder die Einzelteile eines Gehirns – das war unser ganz persönliches Puzzletraining. Und nicht selten kam es vor, dass sich meine Schwestern und ich um die kleine Plastikmilz oder den gelb eingefärbten Hypothalamus stritten, während mein Vater an seinen Patienten herumdokterte und uns zur Ruhe mahnte: »Jule, leg das Kleinhirn wieder hin, jetzt ist die Caro an der Reihe.«

Es gab seltsam anmutende Instrumente, spitze und stumpfe, glänzende und schimmernde Gegenstände, massenhaft Rezeptblöcke in allen Farben des Regenbogens, brummende Sterilisationsgeräte, summende Blutzentrifugen und allerlei andere Dinge, die uns

Kindern Rätsel aufgaben. Wo ging das Blut hin, nachdem es aus dem Körper in ein kleines Plastikgefäß gezogen worden war? Wenn man wie Frau Heuer jeden zweiten Montag zum Blutabnehmen kam, war man dann nicht irgendwann leer? Was war der Unterschied zwischen den rosafarbenen und den gelben Zetteln, mit denen manche der Leute, die meinen Vater so zahlreich besuchten, in der Hand verschwanden? Warum wollten überhaupt so viele Leute unseren Papa sehen? Wir hatten viele Fragen. Und trauten uns oft nicht, sie zu stellen, weil wir instinktiv spürten, dass unser Vater jemand war, den man bei seiner wichtigen Arbeit besser nicht störte.

Mein Vater war mein größter Held. Wenn ich wieder einmal einen Nachmittag in der Praxis verbrachte, schlich ich mich oft in den Behandlungsraum 2 und versteckte mich hinter dem EKG-Gerät, um keinen Augenblick seines heldenhaften Einsatzes am Patienten zu verpassen. Stundenlang konnte ich ihm dabei zusehen, wie er Blutdruck maß. Eine gute Vorbereitung für die wenig später folgende Festanstellung als Stenografin.

Ich liebte das dumpfe Klirren, das entstand, wenn er, bevor er eine Spritze aufzog, mit seinem Zeigefinger zweimal vorsichtig gegen die Glasampulle schnippte. Die Spatel, mit denen er den Patienten, denen er in den Rachen schauen musste, die Zunge runterdrückte, klaubte ich am Ende des Tages heimlich aus dem Mülleimer und schmuggelte sie unter dem T-Shirt in die Wohnung, wo ich sie in einem geheimen Versteck hinter dem Bett als Trophäen hortete.

Das spannendste Instrument der ganzen Praxis war für mich jedoch das Stethoskop. Manchmal, wenn ich ihm bei dem Versuch, meine geschwollenen Mandeln zu untersuchen, nicht auf den Finger gebissen hatte, erlaubte mir mein Vater, mein eigenes Herz damit abzuhören. Fasziniert von dem rhythmischen Schlagen konnte ich minutenlang auf der Behandlungsliege geparkt werden, während mein Vater in stoischer Gelassenheit mit seiner winzigen, vollkommen unleserlichen Schrift seinen Befund in meine Krankenakte kritzelte. Die sehr dünn war. Denn ich wurde selten krank genug, um mich in ärztliche Obhut begeben zu müssen. Wenn er mich dann aber doch einmal behandelte, dann konnte man sicher sein, dass er der Kasse garantiert den vollen Wochenend- und Nachtzuschlag berechnete.

An richtig guten Tagen, wenn ich mich nicht danebenbenommen, nicht genervt und nicht gequengelt oder die komplette Praxis zusammengebrüllt hatte, weil er mir gerade einen angetrockneten Verband vom Knie zog, durfte ich während der Behandlung eines Patienten sogar im Zimmer bleiben – die vielen Stammpatienten kannten mich sowieso schon aus dem Wartezimmer, wo es eine Spielecke für uns Kinder gab. Aber nun saß ich an dem Kindertisch gegenüber des Schreibtisches meines Vaters, einen Berg Papier und Malstifte vor mir, und tat so, als sei ich die wichtige Assistentin, die die wichtige Arbeit dieses wichtigen Mannes protokollierte. Wenn mein

Vater gute Laune hatte, drehte er sich während seiner Untersuchung manchmal zu mir um und sagte: »Caro, hast du das notiert? Herr Rübsal hat einen zu hohen Blutdruck.«

Ich nickte ihm dann hochkonzentriert zu und beugte meinen Kopf weit über das Papier, um aufzuschreiben, was er mir diktiert hatte.

Nicht, dass ich schreiben konnte. Aber mir war klar, dass ihm jemand zur Hand gehen musste, wenn meine Mutter, eine ausgebildete Physiotherapeutin und damit (wie Anästhesisten, Dermatologen, Psychiater und Pharmazeuten) zum Berufsstand der »unechten Ärzte« gehörend, schon an der Anmeldung saß und die Organisation des Ladens übernahm.

Das war natürlich nicht ihre einzige Aufgabe. Um die Mittagszeit hastete sie stets nach oben in die Wohnung, zauberte etwas aus der Tiefkühltruhe hervor und stellte sich an den Herd. Meistens wurde sie jedoch, noch bevor sie mit Kochen fertig war, von meinem Vater über die Sprechanlage, in der seine Stimme so seltsam fremd und blechern klang, nach unten gerufen. Das Essen brannte entsprechend oft an, und nachdem meine Mutter den x-ten Topf mit angebackenem Gulasch frustriert in die Mülltonne befördert hatte, stiegen wir, zumindest während der Praxiszeiten, auf Butterkekse um. Erst als meine Schwester Juliane meine Mutter eines Tages fragte, warum es bei anderen Familien Nudeln, Pommes und Fischstäbchen zu essen gab, bei uns aber immer nur Butterkekse, stellte sie eine Haushaltshilfe und mein Vater eine Arzthelferin in Teilzeit ein.

Trotzdem übernahm meine Mutter, gerade in den ersten Jahren, in denen mein Vater als niedergelassener Allgemeinmediziner arbeitete, einen großen Teil der organisatorischen Arbeit. Wir verbrachten oft ganze Tage in der Praxis, mein Vater, meine Mutter, meine zwei Jahre jüngere Schwester Juliane und ich … und Anne, die Jüngste, die meistens krank war und deswegen hinter dem Anmeldetresen, gut versteckt vor den neugierigen Blicken der Patienten, leise jammernd vor sich hin fieberte.

Anne war ein blasses, irgendwie zu klein geratenes Mädchen, das bereits im Säuglingsalter mit einem nervösen Magen auf sich aufmerksam machte. Zugegeben, sie hatte es auch nie leicht mit zwei älteren Schwestern, die ihr bei jeder Gelegenheit Murmeln in die Nase steckten oder versuchten, sie mithilfe eines Topflappens in Krokodilgestalt so dolle zu erschrecken, dass ihr ätzender Schluckauf endlich versiegte. Sie wog etwa die Hälfte von Juliane und damit etwa ein Viertel von mir, hatte ständig Nasenbluten, wirkte unfassbar zerbrechlich und war im Laufe ihrer Kindheit so oft krank, dass mein Vater von Zeit zu Zeit behauptete: »Von mir kannst du das nicht haben! Vermutlich haben wir dich doch eines Morgens in einem Weidenkörbchen vor der Haustür gefunden, oder du wurdest im Krankenhaus vertauscht. Oder du bist eben doch vom Milchmann.« Meiner kopfschüttelnden Mutter gab er anschließend, nicht ohne ein amüsiertes Lachen, einen Klaps auf den Hintern.

Anne zu Ehren erfand mein Vater sogar eine Krankheit, die sogenannte »Annemie«, die auf einen allgemein eher schwächlichen Gesundheitszustand zurückzuführende chronische Erkrankung des gesamten Körpers. Juliane und mich machte das furchtbar wütend, denn nach uns hatte er keine Krankheit benannt. Und zudem leistete Anne, im Gegensatz zu uns, keinen nennenswerten Beitrag zur familiären Gemeinschaft. Ständig war sie krank und beanspruchte die hundertprozentige Aufmerksamkeit unserer Mutter und manchmal sogar, wenn es ihr wirklich richtig dreckig ging, auch die unseres Vaters ganz für sich.

Dass Papa für uns Kinder keine Zeit hatte, weil er sich mit all den netten Leuten unterhalten musste, die ihn in seiner Praxis besuchten, war uns klar, aber Mama, so dachten zumindest Juliane und ich, hatte doch wirklich wichtigere Dinge zu tun, als neben Anne am Bett zu sitzen und ihr Geschichten vorzulesen. Zum Beispiel Wandbilder aus Bügelperlen basteln oder mit uns die Schreiblernhefte aus der Vorschule ausmalen. Stattdessen hielt sie Anne den Kotzeimer unter die Nase oder wickelte ihr kalte Umschläge um die Waden, und wenn unsere jüngste Schwester ausnahmsweise mal gesund oder zumindest nicht ganz so erbärmlich krank war, saß meine Mutter unten in der Praxis und nahm die Anrufe entgegen.

Doch auch wenn Mama wichtige Dienste an der Anmeldung leistete: Eigentlich war ich die Mitarbeiterin, auf die Papa am wenigsten verzichten konnte. Deswegen versuchte ich, ihn bestmöglich zu unterstützen. Und das hieß vor allem, ihn nicht wegen irgendwelcher Lappalien bei seiner Arbeit zu stören.

Erst gegen acht Uhr abends läutete mein Vater den Feierabend ein, und dann durfte ich mir unter seinem gönnerhaften Blick etwas aus dem großen Glasgefäß mit billigem Kinderspielzeug, das auf dem Schreibtisch in Behandlungszimmer 1 stand, aussuchen. Zufrieden nahm ich meinen Lohn entgegen und legte das jeweilige Teil oben in der Wohnung in meinen extra dafür geleerten Kinderkassettenkoffer, in dem sich bald eine bunte Mischung aus Murmeln, Matchboxautos und Plastiktieren sowie diesen kleinen Blechtieren, die so lustig klapperten, wenn man darauf herumdrückte, ansammelte. Meine Absicherung fürs Alter.

Die allgemeinmedizinische Praxis meines Vaters war ein fantastischer, ein magischer Ort, den meine Geschwister und ich wie die heilige Quelle von Lourdes verehrten. Es kamen kranke, blinde, lahme Menschen zu uns, und wenn sie gingen, dann konnten sie wieder frei atmen, sehen und laufen. Einmal, als ich wie so oft allein vom Kindergarten nach Hause gelaufen war, weil meine Mutter es nicht geschafft oder vielmehr vergessen hatte, mich von dort abzuholen (vermutlich, weil sie gerade ein Drei-Gänge-Butterkeksmenü zubereitete), sah ich einen einsamen Rollstuhl vor der Praxis meines Vaters stehen. Ich stutzte. In Rollstühlen, das wusste ich bereits in meinem zarten Alter, mussten Leute sitzen, die nicht mehr gehen konnten. Und wenn vor der Praxis meines Vaters ein Rollstuhl stand, aber niemand darin saß, dann musste der Besitzer aufgestanden und fortgegangen sein. Vermutlich, so dämmerte mir, geheilt.

Ich war sprachlos. Und sehr stolz. Denn an diesem Tag stellte ich fest, dass mein Vater und dieser bewundernswerte Mann, von dem in der Kinderbibel immer erzählt wurde, sehr viele Gemeinsamkeiten hatten. Und insgeheim wusste ich schon damals: Mein Papa war Jesus. Wenn nicht sogar der Oberboss des ganzen Vereins, den wir in unregelmäßigen Abständen besuchten, damit meine Eltern eine pappige runde Plätzchenunterlage ohne Plätzchen darauf essen durften. Zumindest verfügte mein Vater aber über eine ganz besondere Verbindung nach oben, was auch das geheimnisvoll knisternde, unverständliche Nachrichten in unsere Wohnung schickende Gerät auf der Anrichte im Flur erklärte. Jeden Mittwochabend und Sonntagvormittag, selbst in den Ferien, selbst an Feiertagen und sogar an Weihnachten, drangen urplötzlich quietschende Piepstöne, die mich entfernt an das Tuten des Telefax in der Praxis erinnerten (denn den Sinn *dieses* Geräts hatte ich natürlich längst verstanden: Es diente meinem Vater, um Laborberichte und Untersuchungsergebnisse aus dem Krankenhaus für seine wichtige Arbeit zu liefern), aus dem kleinen schwarzen Plastikkasten, und alle Lichter und Dioden, die auf der Vorderseite angebracht waren, fingen an zu leuchten und rätselhafte Morsezeichen in die stille Wohnung zu senden.

Meine Schwestern und ich saßen jeden Mittwoch und jeden Sonntag in seltener, weil stummer Eintracht andächtig vor der Anrichte und lauschten den mysteriösen Wortfetzen, die dem Gepiepse und Gedröhne immerzu folgten.

»Vrrh-hko. Krn-hh-sssss Vi---n---piep.«

Ich wusste nicht, was uns die Stimme aus dem Weltraum mitzuteilen versuchte, und auch meine Schwestern, die sich sonst eigentlich immer mit mir, zumindest aber miteinander in den Haaren hatten, verstummten, hielten sich nachdenklich die Zeigefinger an die Nasen und schüttelten bedauernd den Kopf.

»Ich weißßß nicht, waßß der ßagt«, lispelte Anne, der gerade beide Schneidezähne ausgefallen waren, feucht.

»Das hat bestimmt mit dem Gerät zu tun, in das Papa immer reinspricht«, kam mir die zündende Idee.

Ein paar Tage zuvor hatte ich von meinem Kindermaltisch in Behandlungszimmer 1 aus beobachtet, dass mein Vater ein kleines schwarzes Plastikding aus einer Schublade seines Schreibtisches gezogen und mit schnarrender Stimme angefangen hatte, seltsame und mir vollkommen unbekannte Wörter in das Gerät zu sprechen. Immer wieder hatte er dabei Pausen eingelegt, auf ein kleines Knöpfchen an dem Gerät gedrückt, dem surrenden Geräusch gelauscht, das erklang, wenn die eingelegte Minikassette rückwärtsspulte, und dann noch einmal das Knöpfchen gedrückt. Fasziniert hatte ich festgestellt, dass die Worte meines Vaters jetzt nicht mehr aus seinem Mund, sondern aus dem kleinen Lautsprecher des Plastikdings kamen, und ich hatte mir gedacht, dass mein Vater in seiner Funktion als rechtmäßiger Stellvertreter auf Erden wohl wirklich alles konnte. Selbst unscheinbaren schwarzen Plastikgeräten das Sprechen beibringen.

Als ich mich irgendwann getraut hatte, meinen Vater zu fragen, was er da mache, hatte er mit einem geduldigen Blick über seine große Brille geantwortet: »Ich diktiere.«

Und in diesem Moment, als ich mit meinen Schwestern im Flur vor der Anrichte kauerte und den Botschaften dieses schwarzen Gegenstücks lauschte, wurde mir klar, dass mein Vater Mitteilungen in seiner Praxis aufnahm und diese mittwochnachmittags und sonntagvormittags ablaufen ließ, um mit uns zu kommunizieren. Wir waren sehr brav und gehorsam in jenen Tagen.

Jahre später, als ich erfuhr, dass das knarzende und piepende Gerät lediglich das Funkgerät der Einsatzzentrale und die geheimnisvolle Tätigkeit meines Vaters nur das Diktieren seiner Berichte war, die seine Sprechstundenhilfe später abtippte, war ich ein ganz kleines bisschen enttäuscht.

Als ich in die Schule kam und Lesen lernte, verschwanden auch die letzten Reste meiner Faszination für Medizin und mein Interesse für die Arbeit meines Vaters. Lesen und Schreiben, das war von Anfang an genau mein Ding. Ich musste mich nicht bewegen, lag oder saß die meiste Zeit bequem und wurde dabei angenehm unterhalten. Kiloweise trug ich Bücher in einer Umhängetasche aus Jute von der Stadtbibliothek nach Hause und in der nächsten Woche wieder zurück, um mit derselben Menge Lesestoff erneut den Heimweg anzutreten. Nachts lag ich oft heimlich unter der Bettdecke und verlor mich im zittrigen

Licht meiner Taschenlampe in den Abenteuern vom kleinen Mann Mäxchen Pichelsteiner, Bille und ihrem rotgescheckten Pony Zottel oder George, Julian, Dick, Anne und Timmy, den fünf besten Freunden der Welt.

Weil ich nun keine Zeit mehr hatte, als Stenografin in der Praxis meines Vaters zu arbeiten, kam ich nur noch nach unten, wenn ich selbst behandelt werden musste. Das war meistens nicht besonders angenehm, weder für meinen Vater noch für mich, deswegen versuchten wir beide, derartige Zusammentreffen auf ein absolutes Minimum zu beschränken. Was erklärt, warum ich chronisch unterimpft war.

Doch eine Behandlung durch meinen Vater ließ sich nicht immer vermeiden. Einmal, als ich mich nach einer wilden Verfolgungsjagd mit Juliane durch die komplette Wohnung mit einem beherzten Sprung aufs Sofa zu retten versucht und mir dabei eine Nagelschere, die meine Mutter zwischen den Sitzkissen verloren hatte, mit der Spitze voran in den Bauch gebohrt hatte, war selbst ich sofort davon überzeugt, dass ein Arzt hermusste bzw. ich schleunigst Papa suchen sollte. Ich erinnere mich gut daran, wie ich schweigend, in Unterhemd und Unterhose und mit einem blutigen, sich langsam nach allen Richtungen hin ausbreitenden roten Fleck auf dem Stoff vor ihm stand, die Nagelschere in der Hand. Ich habe erst zu weinen angefangen, als mein Vater, der am Küchentisch gesessen und in einer seiner eigenartigen Zeitschriften mit den unappetitlichen Bildern darin geblättert hatte, mich wie eine Braut auf die Arme hievte und kommentarlos auf direktem Weg ein Stockwerk tiefer über die Schwelle seiner Praxis trug. Dort schaltete er die furchteinflößende OP-Lampe mit den fünf Birnen an, die wie gierige Insektenaugen auf mich herabsahen, und richtete den Lichtstrahl genau auf meinen Bauchnabel. Meine Mutter, die uns mit aschfahlem Gesicht stillschweigend gefolgt war, die beiden Kleinen im Schlepptau, streichelte mir zärtlich über den Kopf und flüsterte mir zu, ich solle mich jetzt bloß nicht aufregen.

»Mama, Finger weg, das ist jetzt was für den Papa!«, krähte meine Schwester Juliane und drängelte sich nach vorn, um keine Sekunde des blutigen Gemetzels zu verpassen.

Anne, die nicht nur selbst oft aus der Nase blutete, sondern zu allem Überfluss auch kein Blut sehen konnte (eine Art Perpetuum mobile, dessen unweigerliches Ende nur die Ohnmacht sein konnte), schlug sich ängstlich die Hände vor die Augen.

Das brachte mich total aus der Fassung. Ich schrie, warf meinen Körper herum wie Miss Emily Rose bei ihren exorzistischen Ritualen, fuchtelte mit den Armen und schimpfte wie ein Rohrspatz. Erst als mein Vater meine Mutter anwies, sie solle meine Arme festhalten, und mir je eine Schwester auf einen meiner wild zuckenden Oberschenkel setzte, beruhigte ich mich.

Acht neugierige Augen beobachteten, wie mein Vater behutsam mein Unterhemd nach oben zog. Meine Schwestern ließen sich keinen Moment des grausigen Schauspiels entgehen, immerhin waren sie diejenigen, die in der Regel von mir gepiesackt und gepeinigt wurden, da ich die Älteste und (jedenfalls im Vergleich zu Anne) mindestens doppelt so Schwere war. Nun starrten alle auf das Loch, das sich nur wenige Zentimeter neben meinem Bauchnabel in die Haut gebohrt hatte und aus dem ein dünnes, aber stetiges Rinnsal Blut hinauslief.

Mein Vater klopfte mir vorsichtig die Bauchdecke ab. Ich hielt vor lauter Angst, dass er etwas hören würde, das nicht dem Normalzustand entsprach, die Luft an.

»Keine inneren Verletzungen«, sagte er dann. »Du hast Glück gehabt, Schatz, das hätte auch in die Hose gehen können.«

Vor lauter Erleichterung, dass ich nicht sterben musste, fing ich wieder an zu weinen und setzte zu einem fulminanten Crescendo an, als ich das Nahtbesteck sah.

Meine Mutter, die meine Arme festhielt, redete beruhigend auf mich ein, und als ich endlich damit aufhörte, meinen Vater anzuspucken, nähte er mit zwei kleinen Stichen das Loch in meinem Bauch wieder zu und hielt mir zum Trost und weil ich fast brav gewesen war, das große Glas mit dem Kinderspielzeug aus Behandlungszimmer 1 hin.

Meine Schwestern durften sich an diesem Tag gleich zwei Sachen aus dem Gefäß aussuchen, weil sie meinem Vater mit ihrem vollen Körpereinsatz so vorbildlich assistiert und nicht geweint hatten und selbst Anne beim Anblick des Blutes nicht in Ohnmacht gefallen war.

Die Narbe über meinem Bauchnabel wurde im Laufe der Jahre erst schweinchenrosa, dann weiß. Ich trage sie stolz, wie ein Indianer den Skalp seines Gegners, denn dieser Vorfall ist bis heute der einzige, bei dem mein Vater Nadel und Faden an die eigene Tochter anlegen musste.

Bis auf die gelegentlichen harmlosen bis ungefährlichen Verletzungen, die Kinder sich nun mal zuziehen, wenn ihnen ein schwerer Tisch, den sie gemeinschaftlich auf die Seite gehievt haben, um eine Bühne für ein improvisiertes Kasperltheater zu bauen, umkippt und auf die große Zehe donnert, war ich bis in die Pubertät wirklich selten krank.

»Das bisschen Husten hat noch niemanden umgebracht«, pflegte mein Vater immer zu sagen. Und auch beim Impfen war er eher zögerlich: »Es ist erwiesenermaßen wichtig, als Kind die Windpocken gehabt zu haben, denn als Erwachsener kann das ganz schön hässlich werden.«

Mit großen Augen hörten Jule und ich eines Abends zu, als er von seiner Patientin Frau Geigenbauer erzählte, die als Kind nie die Windpocken gehabt und sich dann als Erwachsene angesteckt und wochenlang im Krankenhaus gelegen hatte.

»Die hatte sogar Windpocken im Mund, könnt ihr euch das vorstellen?«, sagte Papa in seiner besten Geschichtenerzählerstimme, und uns stockte der Atem bei der Vorstellung. »Also seid schön lieb, Jule und Caro, und legt euch jetzt mal eine halbe Stunde zu Anne ins Bett. Die hat nämlich die Windpocken. Und wenn ihr sie auch bekommt, dann müsst ihr nicht wie Frau Geigenbauer ins Krankenhaus.«

Juliane und ich sahen uns an. Ins Krankenhaus wollten wir aber unbedingt, denn als Anne letztes Jahr dort gewesen war, um die Mandeln herausoperiert zu bekommen, hatte sie danach eine Woche lang so viel Vanilleeis essen dürfen, wie sie wollte. Wir wollten auch Vanilleeis ohne Ende, deswegen versuchten wir, aus dem Bett zu klettern und uns an unserem Vater vorbeizudrücken, der uns jedoch mit zärtlicher Gewalt wieder zurückschob und zu Anne, deren Körper vollständig mit roten juckenden Pusteln übersät war, unter die Decke steckte.

»Wer sich zuerst mit Windpocken angesteckt hat, kriegt was aus dem Spielzeugglas aus Behandlungszimmer 1!«

Das war ein ernst zu nehmendes Angebot. Juliane und ich beratschlagten uns flüsternd über der fiebrigen Stirn unserer Schwester, wogen die Vorzüge von Vanilleeis und dem Inhalt des Spielzeugglases gegeneinander ab, dann nickten wir stumm meinem Vater zu und besiegelten das Abkommen mit Indianerehrenwort und Spucke drauf.

Mein Vater warf uns allen dreien eine Kusshand zu, sagte noch: »Ich darf mich nämlich nicht anstecken, ich hatte nie Windpocken!«, und stand auf. Meiner Mutter, die gerade mit einer neuen Runde Wadenwickel ins Kinderzimmer kam, raunte er zu: »Ruf mal die Hübners an, Gerdi, die sollen ihre Kinder auch vorbeischicken.«

Mittlerweile sind Windpockenpartys wegen gefährlicher Körperverletzung verboten. In den Achtzigerjahren jedoch hatte sich die Praxis eingebürgert, die Brut bei den ersten Anzeichen einer beginnenden Varizellenepidemie gemeinsam in einen Raum einzuschließen, das Ganze circa dreißig Minuten bei mittlerer Hitze gut durchgaren zu lassen und die infizierten Kinder anschließend für mehrere Tage zu Hause zu pflegen. Ich selbst wurde nie zu solch einer Party eingeladen, denn die Order meines Vaters, uns an Anne anzustecken, trug schon wenige Tage später Früchte. Juliane und ich sahen fürchterlich aus, und meine Mutter schoss ganz viele Fotos von uns, wie wir von Kopf bis Fuß mit roten Pusteln übersät und mit leidenden Gesichtern im Badezimmer stehen und uns gegenseitig kratzen.

Geschadet hat mir das heute etwas rabiat wirkende Vorgehen nicht. Mit Mitte zwanzig habe ich einmal Gürtelrose bekommen und bei dieser Gelegenheit auch erfahren, dass das derselbe Erreger ist wie bei den Windpocken. Meine Gürtelrose war nach zehn Tagen und ein bisschen Juckerei gegessen, wohingegen eine Freundin von mir, die vor ein paar Jahren Windpocken bekam, fast zwei Monate ausfiel und von den vielen Medikamenten und dem Vanilleeis im Krankenhaus ganz dick wurde. Dick wurde ich in der Pubertät zwar auch, aber immerhin nicht wegen so was Blödem wie den Windpocken. Papa sei Dank.

2. Jeder hat sein Kreuz zu tragen

Wenn ich in der Schule erzählte, dass mein Papa Arzt ist, wurde ich von meinen Mitschülern immer mit großen Augen und vor Neid erblassten Gesichtern angesehen.

»Boah, voll toll«, sagten sie dann, »ihr macht bestimmt voll viel Urlaub, und dein Papa hat voll viel Geld!«

Das stimmte, zumindest zum Teil. Wir waren wirklich oft in Urlaub – zumindest planten wir viel Urlaub, denn das sei allen Nicht-Ärztekindern, die dieses Buch lesen, gesagt: Wo Licht ist, ist auch Schatten.

Der Urlaub war die einzige Zeit im Jahr, in der wir Kinder unseren Vater mal wirklich für uns hatten. Wenn wir es überhaupt bis in den Urlaub schafften. Denn meistens übernahm mein Vater so viele Dienste von anderen Ärzten, dass viele der Patienten dachten, mein Vater habe immer Dienst, auch sonn- und feiertags, auch nachts, auch dann, wenn eigentlich ein anderer Arzt zuständig war, und vor allem dann, wenn wir eigentlich gerade in den Urlaub fuhren.

Als wir einmal kurz nach Weihnachten in die Skiferien aufbrechen wollten, klingelte es bei uns an der Wohnungstür. Meine Mutter hatte gerade die letzten Reisetaschen gepackt und uns Kinder in unsere neonfarbenen Skijacken gesteckt und sah meinen Vater vorwurfsvoll an.

»Fritz«, sagte sie mit ihrer besten Das-ist-ja-mal-wieder-typisch-Stimme, »ich sag's dir gleich: Mach's kurz!«

Mein Vater sagte: »Schatz, reg dich nicht auf, das gibt Wochenend- und Nachtzuschlag!«, und hüpfte beschwingt die Stufen zur Praxis runter. Meine Mutter sagte uns, dass es sich nur um ein paar Minuten handeln dürfe, und gab uns die Anweisung, uns schon mal ins Auto zu setzen. Also schulterten wir unsere kleinen bunt bedruckten Rucksäcke, bückten uns nach unseren Kassettenkoffern und machten uns auf den Weg nach draußen.

Im Auto angekommen, gab es die üblichen Diskussionen darüber, wer in der Mitte und wer am Rand sitzen durfte. In der Regel kam Anne in die Mitte, denn sie musste beim Autofahren meistens kotzen, und so konnte Mama ihr die Tüte schneller anreichen. Juliane und ich drückten uns dann immer so nah wie möglich an die Autotüren, die Nase im geöffneten Spalt der Fensterscheibe, und flehten meine Mutter an, Anne endlich die Anti-Kotz-Kaugummis zu geben. Leider halfen die nie besonders gut, denn sie kübelte in der Regel lustig weiter.

Im Laufe der Jahre hat ihr Gehirn sogar eine Art psychosomatische Verbindung zwischen Übergeben im Auto und Pfefferminzkaugummis hergestellt, sodass sie bis heute jedes Mal sauer aufstoßen muss, wenn sie Minze schnuppert.

Dieses Mal, so beschloss ich, würde alles anders werden. Ich war neun und meine Schwestern sechs und sieben, deswegen war klar, wer körperlich, geistig und argumentativ (notfalls unter Zuhilfenahme von roher Gewalt) das Sagen hatte. Wie bei allen anderen Dingen im Leben auch macht es keinen Sinn, jemand anderem etwas einfach zu befehlen – das stiftet nur Unfrieden und sorgt dafür, dass sich das gemeine Volk irgendwann gegen den Herrscher auflehnt. Es ist immer zu empfehlen, dem vermeintlich Schwächeren das Gefühl zu geben, das, was nur er hat oder kann, sei das Tollste der Welt und man beneide ihn aufrichtig um sein großes Glück. In der Praxis hatte ich dieses Vorgehen schon oft in umgekehrte Richtung geübt, wenn meine Schwestern beispielsweise den Gameboy oder die schönere Barbie oder das bessere Pixi-Büchlein ergattert hatten und ich mich mit einem blöden *Lustigen Taschenbuch* und Micky Maus oder Donald Duck herumschlagen musste. Dann kicherte ich beim Lesen des Buches so laut und beherzt, dass meine Schwestern, mit denen ich mich noch kurz zuvor um Gameboy, Barbie und Pixi-Buch gestritten hatte, neugierig aufsahen.

»Oh Mann«, sagte ich dann immer, »bin ich froh, dass ich dieses sehr lustige Taschenbuch habe – viel besser als der blöde Gameboy. Behaltet ihn ruhig, ich will ihn nicht haben, ich habe dieses sehr, sehr lustige Taschenbuch!«

Und keine halbe Minute später konnte ich Stein und Bein schwören, dass meine Schwestern den Gameboy oder die Barbie aus der Hand legten und mich anflehten, ja darum bettelten, auch mal einen Blick in das *Lustige Taschenbuch* werfen zu dürfen. Großzügig und mit einem gönnerhaften Lächeln übergab ich die Abenteuer aus Entenhausen dann an meine Schwestern, die sofort zu streiten anfingen, wer zuerst darin lesen durfte, während ich mir den Gameboy schnappte und mich aus dem Staub machte.

Wir saßen also auf der Rückbank und stritten uns in bester Manier darum, wer wo sitzen durfte. Da sagte ich plötzlich: »Wisst ihr, es ist ja so – es gibt zwei Plätze, das sind die allerallerbesten im ganzen Auto, aber ihr beiden seid die Einzigen, die sich dort hinsetzen können!«

Schweigen.

Meine Schwestern hingen an meinen Lippen.

»Die Kuhle hinter dem Fahrer- und Beifahrersitz, da habe ich früher immer am liebsten gesessen. Ich habe mir ganz viele Kissen da reingelegt, und dann war das wie ein kleines Nest, und keiner hat mich gesehen.«

Anne und Juliane warfen sich vielsagende Blicke zu. Der Fisch hatte den Köder gefressen!

»Also, du würdest auch gerne da unten drinliegen?«, fragte Juliane, und ich bejahte wild mit dem Kopf nickend.

Meine Schwestern ließen sich nicht lange bitten. Sie rannten schreiend und lärmend zurück durch den Schnee ins Haus und kamen nur eine Minute später mit zwei dicken Daunenkissen zurück, die sie in die Fußräume hinter dem Fahrer- und Beifahrersitz stopften. Dann quetschten sie sich in die Federn und mummelten sich in zwei Decken ein, die ich ihnen zuvorkommend von der Rückbank, auf der ich es mir nun in voller Länge bequem machen konnte, anreichte.

»Voll schön!«, wisperte Juliane, und Anne grinste ihr mit glänzenden Augen zu.

Ich gratulierte mir selbst zu meinem Coup und griff nach dem Gameboy.

Wir hatten circa eine Stunde im Wagen gewartet, als Anne und Juliane zu jammern anfingen, sie hätten Hunger und müssten aufs Klo. Also verließ ich meinen mühsam erkämpften Logenplatz – jedoch nicht ohne mir von meinen Schwestern hoch und heilig versprechen zu lassen, dass wir die Sitzordnung nach meiner Rückkehr beibehalten würden.

Dann zog ich mir meine Moonboots wieder an, die ich in der Gewissheit, dass es jeden Moment losgehen würde, bereits von den Füßen gestreift hatte, und machte mich auf den Weg ins Haus. Wenn man die große Schwester ist, bleibt einem nämlich gar nichts anderes übrig, als die Verantwortung zu übernehmen und – wie in diesem Falle – durch die Kälte zu stapfen und nach den verschollenen Erziehungsberechtigten zu suchen. Tut man es nicht, hat man fünf Minuten später zwei heulende Schwestern im Arm. Daher lieber gleich Augen zu und durch.

In der Wohnung meiner Eltern im ersten Stock unseres Hauses fand ich niemanden. Ich lief die Treppe wieder hinunter und ging in die Praxis, dort entdeckte ich meine Mutter und meinen Vater, die sich tief über die linke Gesichtshälfte einer älteren, auf der Seite liegenden Dame beugten, oder besser gesagt: über das, was davon noch übrig war, und versuchten, aus dem Geschnetzelten, das sich dem geneigten Betrachter offenbarte, wieder so etwas wie ein menschliches Körperteil herzustellen.

»Ach, du lieber Himmel«, sagte meine Mutter, als sie mich im Türrahmen stehen sah. »Euch habe ich ja total vergessen!«

Na prima. Sie hatte uns vergessen, wegen dieser ollen Trulla! Immerhin war sie geständig.

Ich trat einen Schritt näher an die Liege heran und begutachtete, woran meine Eltern arbeiteten.

»Hallo, du«, sagte das Corpus Delicti. »Ich bin Frau Schröder. Tut mir leid, dass sich meinetwegen eure Abfahrt in den Urlaub verschiebt.«

Frau Schröders linkes Ohr war mehr oder weniger hinüber. Wie sie mir erzählte, während mein Vater acht Meter Faden an ihr vernähte, war sie bei dem Versuch, das Kruzifix über ihrer Küchentür gerade zu rücken, vom Stuhl gestürzt und ungünstig auf die Tischkante gefallen. In einer sehr unglücklichen Kettenreaktion hatte sie dabei einen Teller, der auf dem Tisch stand, mit zu Boden gerissen und sich an den Scherben verletzt. Der Teller war offensichtlich nicht leer gewesen, denn an Frau Schröders Wange klebten noch ein paar Fetzen Sauerkraut.

»Ist aber halb so schlimm«, sagte Frau Schröder und lächelte mich anscheinend gut anästhesiert an. »Bei mir kommt's ja nicht mehr drauf an, dass es schön aussieht.«

»Caro«, unterbrach meine Mutter das nette Geplänkel, »nimm die zwei Kleinen und setzt euch vor den Fernseher. Gummibärchen sind im Schrank, ihr dürft euch nehmen, so viel ihr wollt. Bis wir mit Frau

Schröder fertig sind, wird es noch dauern. Wenn ihr müde seid, legt ihr euch einfach ins Bett, ich wecke euch dann heute Nacht, wenn wir losfahren.«

Missmutig verabschiedete ich mich von Frau Schröder und trottete hinaus zum Auto, um meine Schwestern ins Haus zu holen. In Skijacken setzten wir uns vor den Fernseher, schauten bis in die Nacht Zeichentrickfilme auf Tele 5 und aßen zwei Tüten Gummibärchen und drei Tafeln Schokolade. Irgendwann fielen uns die Augen zu, und ich schickte die Kleinen ins Bett. Ausnahmsweise widersetzten sie sich nicht meinen Befehlen, vielleicht aber auch nur, weil ich ihnen erlaubte, aufs Zähneputzen zu verzichten, und sie sich vor Bauchschmerzen von den Süßigkeiten ohnehin kaum mehr aufrecht halten konnten.

Als ich selbst irgendwann vor dem Fernseher eingerollt erwachte, stellte ich fest, dass die Nacht vorbei war. Draußen war es taghell, und die Sonne brachte den Schnee, der sich über unserer Stadt wie eine riesige Ladung Zuckerguss verteilt hatte, zum Glitzern. Schnell lief ich ins Schlafzimmer meiner Eltern. Ihre Betten waren unberührt. Dann hastete ich in die Küche und kletterte auf die Spüle, um aus dem Fenster hinaus in den Hof zu sehen, wo normalerweise der alte Passat meiner Eltern stand. Normalerweise. Denn an diesem Morgen war der Carport leer.

Sie haben mich hier vergessen, dämmerte es mir, und ich gratulierte mir selbst zu dieser glücklichen Fügung des Schicksals. Vor einem Jahr hatte ich mit meiner Familie den wirklich guten Film *Kevin al-*

lein zu Haus gesehen und seitdem auf die Gelegenheit gewartet, es dem Jungen aus dem Film gleichzutun – was natürlich nur ging, wenn meine Familie nicht da war und nach Möglichkeit erst eine Woche später wieder zurückkehren würde.

Hastig rannte ich ins Kinderzimmer meiner Schwestern. Ich wusste, dass die zwei Biester in der hintersten Ecke ihrer Spielkiste ihre Sammelhefte für Aufkleber bunkerten, und ich war fest entschlossen, mir das große glitzernde Kaninchen, das ich in einem Anfall von geistiger Umnachtung gegen eine flauschige Herde Meerschweinchen eingetauscht hatte, wieder zurückzuholen.

Als ich die Tür öffnete, sah ich das Entsetzliche: Meine Eltern hatten nicht nur mich vergessen – sie hatten auch meine Schwestern hiergelassen, und das bedeutete meinen Untergang statt eine Woche herrlichster Kinderfreuden! Ich verfluchte meine Eltern in Gedanken laut und wollte gerade die Tür zum Kinderzimmer meiner Schwestern wieder schließen, als Juliane rief: »Caro? Wo ist die Mama? Ich hab so Bauchschmerzen!«

»Die Mama ist nicht mehr da«, jammerte Anne, und ihre Stimme nahm eine gefährliche Tonkurve an, ähnlich der Sirene eines Feuerwehrwagens, die sich langsam von den unteren Frequenzen kommend bis in höchste Höhen schraubt.

»Ich glaube, sie haben uns vergessen«, sagte ich trocken.

Das war die falsche Antwort. Juliane und Anne fingen wie die Seerobben zu heulen an, klammerten sich erst aneinander, dann an mich und konnten sich erst wieder beruhigen, als ich sie ins Wohnzimmer lotste, den Disney Club einschaltete und sie mit weiteren Gummibärchen versorgte.

»Aber ich hab doch schon so Bauchschmerzen«, jammerte Anne, die aber immer Bauchschmerzen oder Halsschmerzen oder Ohrenschmerzen hatte und deswegen kein besonderes Mitleid in mir hervorrief. Weil ich aber die Tochter meines Vaters bin und damit über eine solide medizinische Grundausbildung verfüge, fasste ich ihr an die Stirn.

Sie glühte.

»Ich glaube, du hast Fieber«, sagte ich und gab ihr den ärztlichen Rat, sich lieber wieder ins Bett zu legen. Da Juliane immer noch vor sich hin schniefte und mich damit nervte, fasste ich auch ihr an die Stirn und behauptete, sie habe ebenfalls Fieber. Dass es sich dabei um nicht mehr als das sogenannte Weicheifieber handelte, das bei neurotischen Hypochondern und Jammerlappen die größten Heulszenarien hervorruft, effektiv aber nicht mehr als eine lausige erhöhte Temperatur ist, verschwieg ich lieber. Stattdessen beförderte ich die beiden Grazien wieder ins Bett und machte mich auf die Suche nach Medizin.

Ich fand Fieberzäpfchen und ein Fläschchen, dessen Inhalt genau so eklig roch wie der Hustensaft, den uns Mama immer gab, und der, wie ich knallhart kombinierte, deswegen gesund sein musste. Außerdem war ein Hirsch vorne drauf, das sah nach starker Medizin aus, und so begann ich zuversichtlich mit der Behandlung.

»Dreh dich mal um, ich muss dir die Rakete in den Po schieben«, sagte ich zu Juliane, die mich entsetzt anschaute.

»Das darfst du nicht machen«, sagte sie. »Das darf nur ein Arzt!«

»Die Mama ist doch auch kein Arzt«, gab ich zurück.

»Aber die Mama ist die Mama!« Jetzt heulte Anne wieder los und klammerte sich an ihren Kuschelmarienkäfer.

»Und die Mama ist weg!«, sagte ich, woraufhin Juliane auch zu heulen anfing.

Es ist schon ein Kreuz mit den kleinen Geschwistern. Da will man EINMAL helfen, und wie wird es einem gedankt?

»Gut, dann lassen wir das mit den Zäpfchen. Ich habe Hustensaft gefunden. Wer will?«

Hustensaft wollte natürlich auch keiner, aber diesmal setzte ich mich durch. Jeder meiner Schwestern flößte ich einen großen Löffel des klebrigen braunen Gebräus ein, dann stellte ich eine Bibi-Blocksberg-Kassette an und deckte die beiden mit allen Daunendecken, die ich finden konnte, zu. Meine Mama sagte immer, dass Wärme das Beste sei, um gesund zu werden. Und je wärmer, desto gesünder, dachte ich, überließ die Kleinen ihrem Schicksal und ging wieder fernsehen.

Eine Stunde später, bei der Visite, gab es erneut Hustensaft für jeden, diesmal zwei Löffel, denn Anne hatte immer noch eine heiße Stirn, und Juliane hörte nicht zu quengeln auf. Diese Prozedur wiederholte ich in den kommenden Stunden, bis irgendwann, gegen elf, meine Eltern plötzlich auf der Matte standen.

»Mama!«, schrie Juliane und sprang aus dem Bett, auf wundersame Weise von ihrer geheimnisvollen Krankheit geheilt. Anne blieb liegen, aber die war ja auch wirklich krank.

»Tut mir leid, Kinder, gestern Abend ist es so spät geworden, da konnten wir nicht mehr losfahren. Und heute Morgen hatte der Papa dann einen Notfall, und ich bin mitgefahren, um zu helfen, und als wir dann dort waren, haben wir noch kurz bei der Frau Schröder vorbeigeschaut, wisst ihr, die mit dem kaputten Ohr gestern.«

Juliane heulte sich gerade an Mamas Schulter aus, während sich Papa zu Anne ans Bett setzte und ihr an die Stirn fasste. »Hui, du hast ja erhöhte Temperatur, Schatz«, sagte er.

Natürlich. Erhöhte Temperatur. Fieber fing bei meinem Vater erst bei circa 47 Grad Celsius Körpertemperatur an, und egal, wie erfolgreich wir versuchten, das Thermometer zu manipulieren, indem wir es in unseren heißen Tee tunkten, an diesen neuralgischen Punkt kamen wir nie. Demnach hatten wir auch nie Fieber. Bis auf Anne vielleicht, in ganz seltenen Fällen. Eben ganz die personifizierte Extrawurst.

Der Blick meines Vaters fiel auf den Nachttisch, auf dem die jungfräulichen Fieberzäpfchen lagen und das fast leere Fläschchen mit Hustensaft stand.

Er nahm Letzteres in die Hand, dann sah er Anne an. »Hauch mich mal an«, forderte er sie auf, und sie tat mit schwacher Brust, wie ihr geheißen.

Mein Vater wandte sich zu mir um. »Caro, kannst du mir mal erklären, warum deine Schwester eine Alkoholfahne hat?«

Püh ... Ich entschied mich für diplomatisches Schweigen.

Meine Mutter schnupperte an Juliane. »Du, Fritz, die Jule riecht auch nach Schnaps.«

»Kein Wunder«, kommentierte mein Vater, und ich konnte immer noch nicht heraushören, ob er nun sauer auf mich war oder nicht. »Caro hat ihnen Jägermeister gegeben.« Und mit einem Blick zu mir sagte er: »Caro, mein Schatz, was hast du dir dabei nur gedacht?«

»Ich habe sie behandelt«, verteidigte ich mich und konnte nicht verhindern, dass jetzt auch mir die Tränen in die Augen stiegen, »weil ihr wart ja nicht da, und die beiden Kleinen hatten Fieber und wollten keine Raketen in den Po!«

Mein Vater kam auf mich zu ... und nahm mich in den Arm. »Das hast du gut gemacht, Caro, du bist eine gute Ärztin und hast mir ganz toll über die Schultern geguckt. Aber bitte, tu mir einen Gefallen: Geh nie wieder an den Schrank mit den Schnapsflaschen, ja? Da sind keine Sachen für Kinder drin.«

An diesem Tag bekam ich zum ersten Mal in meiner langen Karriere als rechte Hand meines Vaters nichts aus dem Glasgefäß mit den Spielzeugen in Behandlungszimmer 1.

3. Kopf an Kopf

Wenn ich an Weihnachten mit meiner Familie denke, dann fallen mir keine besinnlichen Abende vor dem Kamin, keine rauschenden Geschenkorgien unter dem Weihnachtsbaum, keine stillen Stunden in trauter Mehrsamkeit ein. Wenn ich an Weihnachten mit meiner Familie denke, fallen mir genau die Sachen ein, die jedem Mediziner in den Sinn kommen, der an jenen Tagen schon einmal Dienst geschoben hat: Magen-Darm-Erkrankungen und Sodbrennen. Gallenkoliken. Schnittwunden, verursacht durch die unsachgemäße Nutzung von Geflügelscheren und Bratenmessern. Verbrennungen zweiten und dritten Grades. Kopfschmerzen. Depressionen. Katerstimmung. Und spätestens an Silvester findet die alljährliche Endzeitstimmung ihren dramatischen Höhepunkt, denn mit einer geradezu unheimlichen Sicherheit wird irgendeinem Idioten die Feuerzangenbowle über die Hand schwappen, oder irgendein Depp wird merken, dass er an einer Rakete besser die Lunte als den Kopf angezündet hätte.

Weihnachten, das bedeutet für mich, dass mein Vater in der Notfalldienstzentrale ist und meine Mutter tonnenweise Kartoffelsalat zubereitet und Bockwürste kocht, die sie dann zu der bemitleidenswert unterbezahlten Belegschaft fährt, während wir Kinder vor dem Fernseher hocken und uns fragen, warum das TV-Programm an Weihnachten seit Jahren dasselbe ist – und immer gleich schlecht.

Mein Vater mag Weihnachten nicht. Vielleicht erinnert es ihn zu sehr an seine eigene Kindheit mit einem strengen Vater und einer weichen Mutter, die beide zu früh gestorben sind und ihm daher nicht rechtzeitig die Freuden eines angemessenen Vollrauschs im Kreise seiner Liebsten vermitteln konnten. Vielleicht ist aber auch der doppelte Stundensatz an Feiertagen einfach zu verlockend.

Jedenfalls war die Konstellation »Weihnachten und mein Vater« nur dann eine erfolgreiche, wenn entweder der Rubel rollte oder der Rodel rutschte. Wenn mein Vater also ausnahmsweise mal keinen Dienst über die Festtage schob, packte er das Auto und fuhr mit uns nach Österreich, nach Norditalien oder in die Schweiz, jedenfalls irgendwohin, wo sich einige einigermaßen Bekloppte ein Paar hübsch lackierte Bretter unter die Füße schnallen und dann leicht angeschickert und in bester Laune mehr oder weniger sportlich die Hänge runterwedeln.

Ich hab Skifahren nie wirklich gemocht. Zum einen, weil es eine sportliche Betätigung bedeutet und ich mich mit sportlichen Betätigungen aller Art noch nie so richtig anfreunden konnte. Zum anderen, weil man beim Skifahren irgendwie immer falsch angezogen ist, denn entweder friert man wie ein Depp, oder man schwitzt wie ein Schwein, und egal, ob einem nun zu heiß oder zu kalt wird, abends stinkt man wie ein Iltis, und sei es nur nach Angstschweiß, weil man von seinem eigenen Vater wieder mal zur schwarzen

Piste gelockt wurde, die »garantiert nur falsch ausgeschildert und eigentlich rot mit Tendenz ins Blaue« ist.

Das allerdings begriff ich erst während meiner Pubertät, und zu dieser Zeit war ich auch erstmalig in der Lage, einen Urlaub mit selbst gewählter Reisegruppe zu absolvieren und nicht mit der von der Natur willkürlich zugelosten Belegschaft. Bis dahin fuhr ich natürlich brav mit meiner Familie in den Urlaub, so auch in jenen, den Frau Schröder mit ihrem abgehackten Ohr und meine Schwestern mit ihrer Alkoholfahne weihnachtlich stimmungsvoll eingeläutet hatten.

Wir fuhren gegen Nachmittag endlich los, nachdem mein Vater meinen beiden Schwestern (auch Juliane, die ihr Weicheifieber nur simuliert hatte ... Strafe muss sein) ein Zäpfchen verpasst und sie zu absoluter Rücksitzplatzruhe verdonnert hatte. Die Sitzordnung vom Abend zuvor, die der Reiseveranstalter als »gemütliche Kuhlen im Fußraum« angepriesen und erfolgreich an den Mann gebracht hatte, war natürlich vergessen, doch nach einer Weile war ich sogar froh, dass ich den Fensterplatz bekommen hatte, weil Anne die dreihundert Gramm Gummibärchen, die sie vertilgt hatte, vollständig wieder auskotzte und auch Juliane am Brenner aus Solidarität ein Beutelchen füllte.

Mit zwei Tagen Verspätung am Urlaubsort angekommen, bezogen wir unsere Zimmer, und zu meinem Leidwesen wurde mir auch diesmal kein eigenes zugesprochen. Meine Eltern bekamen wie üblich das große mit dem schönen Bad, ich wie gehabt das kleinere mit den blöden Schwestern. Sofort meldete uns mein Vater bei der hoteleigenen Skischule für unsere Kurse an, denn er hatte große Angst, dass er den gesamten Skiurlaub mit uns heulenden Bündeln verbringen musste. Mir machte das nichts aus, im Gegenteil, denn ein Skikurs bedeutete automatisch, dass ich weder mit meinem Vater noch mit meinen rotznasigen Schwestern den Tag verbringen musste, also weder viel zu schwere Pisten hinuntergejagt noch an den Rand des Wahnsinns getrieben wurde. Normalerweise gab es in jedem Skikurs immer ein paar Teilnehmer, die sich dumm anstellten oder faulenzten oder einfach keinen Bock auf Skifahren hatten (mein Vater nannte das dann immer das Faulfieber), und ich gedachte, in diesem Urlaub genau zu diesen Teilnehmenden zu gehören und vorrangig Disneyfilme im kleinen Häuschen an der Talstation zu gucken, in dem die Skischule ihr Hauptquartier bezogen hatte.

Sieht man von den größeren und kleineren Scherereien ab, die minderjährige Kinder ihren Eltern im gängigen Tagesgeschäft bereiten, so verliefen die ersten Tage nahezu ereignislos. Und an den Abenden waren Anne und Juliane so müde, dass sie im Restaurant mit dem Kopf auf dem Tisch einschliefen, noch bevor ihnen ihre kleine Portion Pommes serviert wurde. Mein Glück, denn das bedeutete ein paar Pommes mehr für mich.

Ich fand in meinem Skikurs schnell Gleichgesinnte, die das Skifahren mindestens so spannend fanden wie ich, und gemeinsam sorgten wir dafür, dass uns lockere Bindungen, nicht schließende Reißverschlüsse an unseren Skianzügen oder unentwegt beschlagene Skibrillen vom Skifahren abhielten.

Am vierten Tag, dem Silvesterabend des Jahres 1992, verabredeten sich unsere Eltern mit uns um die Mittagszeit zu einer gemeinsamen Pause an der Talstation. Jule und Anne bekamen ihre obligatorischen Pommes, Mama und Papa teilten sich einen Germknödel, ich nuckelte an meinem Almdudler, und alles hätte so schön sein können, wenn meine Schwestern – klar, wer sonst? – nicht auf die glorreiche Idee gekommen wären, den sonnenbeschienenen und komplett zugeschneiten Hügel, der sich direkt vor der Sonnenterrasse der Hütte erstreckte, auf dem Hosenboden hinunterzurutschen.

Kinderkram. Ich war neun, fast zehn, da machte ich bei solchem Quatsch natürlich nicht mehr mit. Immerhin war Markus, der süßeste Junge aus meinem Skikurs und mein Bruder im Geiste in Sachen Skifahrvermeidungstaktik, mit seinen Eltern in unmittelbarer Entfernung – da ließ ich mich nicht zu solchen Babyspielen hinreißen.

»Na, Caro«, fragte meine Mutter und verteilte großzügig eine weitere Portion Sunblocker auf ihren Lippen, »magst du nicht auch mitrutschen? Guck mal, die zwei Kleinen haben so viel Spaß.«

Ja eben: die zwei Kleinen. Da ich offensichtlich nicht zu den zwei Kleinen gehörte, kam derlei Pipikram für mich selbstredend nicht infrage.

Ich sah hinüber zur peinlichsten Rodelpiste ever. Anne sauste gerade mit einem Affenzahn den Hang hinunter, ein breites Lachen im Gesicht, ihre geröteten Wangen glänzten vor lauter Glückseligkeit in der prallen Wintersonne. Jule kämpfte sich keuchend, glucksend und kichernd den Hügel wieder hinauf, ließ sich dann auf den Bauch fallen und bretterte laut kreischend ihrer Schwester hinterher.

Verdammt. Das schien wirklich eine Menge Spaß zu machen. Jedenfalls mehr Spaß als der Skikurs, der in wenigen Minuten wieder losging. Also seufzte ich einmal tief und theatralisch und erhob mich dann mit einem, wie ich meinte, zutiefst genervten Gesichtsausdruck, um meine kindischen Schwestern bei ihrem Vergnügen im Tiefschnee zu überwachen.

Der Hang war von Nahem viel steiler, als er von der Terrasse aus gewirkt hatte. Ich stapfte schwer atmend hinauf, und zu meinem Entsetzen wurde ich dabei von Anne überholt. Anne! Ausgerechnet von der!

Kurz bevor ich die unsichtbare Startlinie erreicht hatte, sah ich, wie Anne sich auf den Hintern fallen ließ, die Beine gerade machte und fest aneinanderdrückte, den Oberkörper nach hinten legte und dann wie in einer Wasserrutsche im Schwimmbad losschlitterte. Und gehörig Fahrt aufnahm.

Mein Vater und meine Mutter, die auf der Sonnenterrasse der Skihütte saßen und gerade eine heiße Schokolade mit Schuss serviert bekamen, applaudierten.

Na warte!

Ich kürzte um wenige Meter ab, fest entschlossen, der kleinen Kröte die Show zu stehlen und meinen Eltern zu zeigen, wie man das *richtig* machte, wenn man nicht mehr zu den zwei Kleinen gehörte. Mich ebenfalls auf den Rücken zu legen kam nicht infrage, das hatte meine Schwester ja gerade schon gezeigt. Ein normales Runterrutschen auf dem Hintern war selbstverständlich auch inakzeptabel, das konnte ja jeder, selbst Juliane, die eigentlich immer vor allem Schiss hatte.

So kam ich auf eine großartige Idee. Ich setzte mich hin, allerdings mit dem Rücken zum Tal, und schon ging's den Berg hinab. Zu diesem Zeitpunkt in meinem Leben wog ich natürlich noch weniger als heute, jedenfalls ein bisschen, doch ein Leichtgewicht war ich auch damals nicht, und so nahm ich, den physikalischen Naturgesetzen sei Dank, während meiner Rückwärtsfahrt ordentlich Tempo auf und raste schon nach wenigen Metern an der staunenden Juliane vorbei, die mir mit weit aufgerissenen Augen und wild fuchtelnden Armen hinterherblickte.

Ja – die größere Schwester zu sein hat schon Vorteile. Sieht man von der Lästigkeit ab, für alles immer ganz allein verantwortlich gemacht zu werden, so ist man am Ende des Tages doch immer die Klügere und die Stärkere.

Und die mit dem dickeren Kopf.

Meine rasante Abfahrt wurde jäh gestoppt. Ich prallte, mit dem Hinterkopf voran, an etwas sehr Hartes.

Ein Jaulen zerriss die Kakofonie aus Kinderrufen, alpiner Quetschkommodenmusik und dem monotonen Rauschen, wenn eine der Gondeln über unseren Köpfen in die Schienen der Talstation hineingedrückt wurde.

In meinem Rücken brüllte ein Mädchen. Und das Brüllen kam mir mehr als bekannt vor.

Kennen Sie den Trick mit den zwei Münzen? Man schnippt eine Münze an, die knallt an eine andere. Die Energie überträgt sich auf die liegende Münze, die nach vorn schießt. Die Münze, die geschnippt worden ist, hat ihre gesamte Energie an die andere Münze abgegeben und bleibt still liegen.

So ähnlich war das bei meiner Schwester und mir. Nachdem sich Anne auf der Ziellinie, die genauso unsichtbar war wie die Startlinie einige Meter weiter oben, aus der liegenden Position aufgerichtet hatte und sitzen geblieben war, waren wir mit ordentlich Wumms und Karacho zusammengeprallt, und zwar mit unseren Köpfen.

Anne schrie wie am Spieß. Meine Eltern ließen ihre Heißgetränke mit Schuss stehen und hasteten zu ihrer Jüngsten, die sich mit hochrotem Gesicht in den Schnee warf und das wilde Zappeln begann.

Mir war ein wenig schummrig. Aber niemanden kümmerte das, deswegen fing ich – sicher ist sicher – lieber auch zu heulen an. Was aber niemand bemerkte. Denn alle, selbst die alte Opportunistin Juliane, kümmerten sich um Anne, die vor lauter Flennerei fast keine Luft mehr bekam.

Das bereitete mir einige Kopfschmerzen. Aber davon nahm natürlich auch niemand Notiz.

Ich war beleidigt. Es war ja wohl nicht meine Schuld, dass diese ständig Aufmerksamkeit heischende Nervensäge einfach im Schnee sitzen geblieben war! Um mich hatte sich zufällig NIEMAND gekümmert, dabei war mein Kopf viel voller und damit viel mehr wert als der von Anne!

Als Annes Tränen irgendwann endlich versiegten und meine Mutter mit einem eilig herbeigeschafften riesigen Becher Eiscreme (nur für Anne, die ihn geschwisterlich mit Jule teilte) den ersten Schreck vertrieben hatte, rappelte sich meine jüngste Schwester auf und warf mir, die in einigen Metern Entfernung saß und sich immer noch den schmerzenden Schädel hielt, einen vernichtenden Blick zu. Meine Mutter taxierte mich ebenfalls mit den Augen und schüttelte leicht den Kopf. Und noch heute bin ich mir sicher, über das Wispern der Tannen und das Lachen einiger Kinder in der Ferne hinweg ein »Ts-ts-ts!« gehört zu haben.

Nachdem mein Vater bei Anne einen kurzen Funktionscheck aller zum Skifahren notwendigen Organe und Körperteile durchgeführt hatte, verkündete er die Diagnose: »Nur eine Beule, das wird schon wieder.« Und sein Behandlungsvorschlag lautete: »Ab auf die Ski, solange der Sattel noch warm ist!«

Es sollte eine der wenigen Fehldiagnosen bleiben, die er, soweit ich das überblicken kann (aber vielleicht ist es auch gut, dass ich nicht alles weiß), in seiner Karriere als praktizierender Arzt und (sic!) Sportmediziner stellen sollte. Es war keine Beule. Und es wurde auch nicht mehr, jedenfalls nicht mehr so schnell.

Fakt ist: Wir stiegen alle wieder auf die Ski. Als ich aber am späten Nachmittag mit den anderen Kindern zurück ins Hotel gebracht wurde, war unser Hotelzimmer leer. Na ja, bis auf Jule, die auf dem Doppelbett meiner Eltern lag und gemütlich Zeichentrickfilme guckte.

»Wo sind Mama und Papa?«, fragte ich.

»Krankenhaus«, antwortete Jule einsilbig, ohne auch nur eine Sekunde den Blick von der Mattscheibe zu lösen.

»Wieso, was ist passiert?«, fragte ich, und in meinen Eingeweiden fing es zu rumoren an. Ich hatte ein schlechtes Bauchgefühl, denn selbst wenn ich mir den ganzen Nachmittag die größte Mühe gegeben hatte, nicht an Anne zu denken, war es mir doch nicht gelungen, mir keine Sorgen um sie zu machen. War das wirklich nur eine Beule? Würde ich für mein – und das hätte ich niemals öffentlich zugegeben – rücksichtsloses Verhalten noch zur Rechenschaft gezogen werden? Ich schluckte schwer.

»Anne ist im Krankenhaus. Kopferschütterung oder so«, murmelte Juliane. »Mama ist total sauer auf dich.«

Na toll. Da war er also, der Moment, in dem sich Schuldgefühle, Trotz, Scham und Wut über mich selbst zu einer Art Supergefühl zusammentaten und wie ein Hurrikan in meinem Inneren tobten. Tränen kullerten mir über die Wangen.

»Tut dir auch was weh?«, fragte Juliane rücksichtsvoll, doch bevor ich ihr antworten konnte, ging die Tür auf, und meine Eltern kamen mitsamt meiner jüngsten Schwester, die mein Vater liebevoll auf seinem Arm trug, ins Zimmer.

Ich starrte meine Mutter an.

Meine Mutter starrte zurück, dann blickte sie auf Anne, die mit geschlossenen Augen gerade von meinem Vater aufs Doppelbett gelegt wurde.

»Caro, darüber müssen wir noch reden«, sagte sie.

Und dann erzählte sie mir, was in der Zwischenzeit passiert war. Einige Stunden nachdem ich mit vorgeschobener Lippe und verräterisch glänzenden Augen an meiner strafend dreinblickenden Mutter vorbei zu meiner Skigruppe gezockelt war, fuhr meine Mutter mit ihrer Skigruppe in einem Viererlift in Richtung Gipfel. Neben ihr saßen zwei Damen, und die berichteten von einem kleinen Mädchen, das gerade wegen einer schweren Gehirnerschütterung mit dem Hubschrauber aus dem Skigebiet abgeholt und ins nächste Krankenhaus gebracht worden war. Meine Mutter, daran gewöhnt, von uns immer nur die halbe Wahrheit zu erfahren und sich den Rest unserer Gräueltaten zusammenreimen zu müssen, spitzte die Ohren. Auf dem Gipfel angekommen, fackelte sie nicht lange und warf sich die lange gemiedene schwarze Buckelpiste ins Tal hinunter. Das war ganz sicher ihr kleines Mädchen, das da mit dem Helikopter abtransportiert worden war, und der Teufel wollte sie holen, wenn sie nicht innerhalb der nächsten halben Stunde bei ihr sein konnte! In ihrer Angst über sich hinauswachsend, war sie bald schon im Tal, dann im Krankenhaus, um sich rechtzeitig zum Vier-Uhr-Tee von meiner kleinen Schwester die halbe Portion Pommes vom Mittagessen auf den einteiligen Skianzug kotzen zu lassen.

Ich wurde an diesem Tag für mein Verhalten nicht

mehr zur Rechenschaft gezogen – sieht man von der Verpflichtung ab, weiterhin am Skikurs teilnehmen zu müssen und nicht das Krankenlager mit Anne teilen zu dürfen. Selbst die schien – Gehirnerschütterung sei Dank! – vergessen zu haben, wer der Verursacher ihres Leidens gewesen war.

In den fogenden Tagen sahen sich meine Mutter und Anne im Hotelzimmer Disneyfilme an. Ich wiederum musste mit meiner bescheuerten Skigruppe die Abhänge hinunterjagen und verbrachte täglich Minimum zehn Stunden an der frischen Luft – das waren genau zehn Stunden zu viel für einen so ausgesprochenen Stubenhocker wie mich.

An einem Abend, etwa eine halbe Woche nach dem Kopf-an-Kopf-Rennen, das sich Anne und ich geliefert hatten, entschieden sich meine Eltern für die einladende Saunalandschaft unseres Feriendomizils und gegen ein gemeinsames Abendessen mit ihren drei Gören. Sie baten uns, doch einfach schon mal vorzugehen, um im Restaurant des Hotels etwas zu essen, während sie noch für eine kurze Runde »in die Schwitzhütte« wollten, wie sich mein Vater liebevoll ausdrückte. Er und meine Mutter lieben Saunen.

Murrend, weil mit der Aufsicht meiner Schwestern betraut, machte ich mich mit Juliane und Anne im Schlepptau auf den Weg ins Restaurant, bestellte dreimal Pommes mit extra Ketchup und wartete darauf, dass meinen Schwestern, wie eigentlich immer, die Augen zufielen.

Taten sie aber nicht. Ein leises Gemurmel und Gekicher, das um uns herum die Gäste ergriff, hielt sie in Bann. Und dann reckten und streckten die Restaurantgäste um uns herum auch noch die Köpfe, um durch die große Fensterscheibe einen Blick hinaus auf den nächtlich erleuchteten Skiort zu werfen, der sich malerisch an einen Berg schmiegte. Ein Kellner zückte den Fotoapparat, Finger zeigten nach draußen, ein älterer Herr verschluckte sich an einem Löffel Flädchensuppe. Kinder standen von ihren Stühlen auf und rannten zum Fenster, um ihre Nasen gegen das kalte Glas zu drücken. Hier und dort vernahm ich das Kratzen der Stuhlbeine auf dem Parkettfußboden, wenn sich ein Gast schaulustig erhob, um zu sehen, was sich vor dem Restaurant im unendlichen Weiß abspielte.

Da draußen im flutlichterleuchteten Schnee tollten zwei Menschen wie junge Hunde herum. Zwei krebsrote und splitterfasernackte Menschen. Die Erkenntnis, wer da im Adamskostüm Tierspiele imitierte, traf mich wie ein Schlag. Ich wünschte mir, zu sterben, betete innerlich zu Gott, zur Kassenärztlichen Vereinigung und zum Universum, man möge mir auf der Stelle eine mobile Erdspalte zur Verfügung stellen, in der ich in diesem Augenblick verschwinden konnte! Und ich wusste: Meine Mutter und mein Vater waren Kuckuckseltern. Das konnte nicht mein eigen Fleisch und Blut sein, niemals war es möglich, dass wir uns denselben Genpool teilten, dass ich den Leisten meines Vaters und dem Becken meiner Mutter entsprungen war, denn SO WAS machten Eltern nicht. Weder leibliche noch adoptierte noch geliehene.

»Oh Scheiße, das sind …«, begann Juliane, doch ich unterbrach sie harsch, indem ich ihr einen saftigen Tritt unter dem Tisch versetzte.

»Kein Wort!«, zischte ich.

Als wir uns nach einer gefühlten tausendjährigen Schockstarre endlich erhoben hatten, um möglichst schnell und möglichst unauffällig aus dem Restaurant zu verschwinden, tauchten Mama und Papa plötzlich an der Bar des Restaurants auf. In Bademänteln.

Sie winkten uns zu.

»Hallo, Mädels«, trompetete mein Vater auch schon, und alle Gäste des Restaurants wendeten gleichzeitig ihre Köpfe in seine Richtung.

Dann in unsere.

»Wir ziehen uns nur noch schnell an und kommen dann!«, verkündete der Herr Doktor außer Dienst, drehte sich auf dem badebelatschten Absatz um und schob meine Mutter aus dem Restaurant, nicht ohne ihr noch einmal einen liebevollen Klaps auf den Po zu geben. Meine Mutter antwortete mit einem koketten Kichern.

Bis zum Ende des Urlaubs täuschte ich eine schwere Magenverstimmung vor und blieb mit Anne auf dem Zimmer. Immerhin konnte ich dort Disneyfilme gucken, in denen sich nie, ich wiederhole: niemals irgendjemand auszog.

4. Voll drauf

Es begab sich zu der Zeit, in der die Pole noch aus Eis waren, die Sommer heiß und die Nächte lang, in der das Öl aus den Quellen sprudelte und Politiker im Fernsehen verkündeten, dass die Renten sicher seien. In dieser Zeit legten die Pharmaunternehmen den verschreibenden Ärzten Opfergaben danieder, um sie milde zu stimmen und ihre überquellenden Budgets bis auf den letzten Tropfen auszupressen. Das war lange, lange bevor sich eine gewisse Frau Ulla Schmidt zum Staatsfeind Nr. 1 aller niedergelassenen Kassenärzte und zur unpopulärsten Person im öffentlichen Gesundheitssystem machte.

Damals, als die Pharmaindustrie noch Geld hatte und dank des Bayer-Konzerns nicht der Rhein, sondern ein Strom aus Milch und Honig durch die deutschen Lande floss, als Pharmareferent noch ein eingetragener Beruf war und es noch nicht für alle erdenklichen Beschwerden auch was von ratiopharm gab, da warfen die Pharmaunternehmen mit kleinen Vergünstigungen und großen Einladungen nur so um sich.

Dank der Firma Roche, die ich an dieser Stelle und mit Freuden namentlich nenne, bin ich als Zehnjährige in den Genuss gekommen, das Lloyd-Webber-Musical *Cats* in Hamburg zu besuchen. Die Firma zahlte alles, die Anreise per Zug, das komplette Wochenende mit der fünfköpfigen Familie im Hotel, die Eintrittstickets und sogar das Kinderschminken am Nachmittag danach. Bis heute frage ich mich, warum meine Mutter nicht noch viel, viel mehr Fotos von mir und meinen zwei Schwestern im Zugabteil der ersten Klasse gemacht hat, wie wir unsere ölig-glänzenden bunt bemalten Katzengesichter an den wertvollen Polyesterpolstern unseres Abteils reiben.

Heute würde ein Arzt wahrscheinlich noch nicht einmal eine Einkaufstasche aus Polyester bekommen. Ein sicheres Zeichen dafür, dass es der Pharmaindustrie nicht richtig gut gehen kann, sind die vielen Notizblöcke und Kugelschreiber, die mein Vater in den letzten Jahren geschenkt bekommen hat. Vorbei sind die Zeiten, in denen wir einen von STADA finanzierten Kurzurlaub in den bayerischen Alpen machten, in denen Vertreter in schlecht sitzenden Anzügen vergoldete Büroartikel aus dem speckigen Aktenkoffer zauberten.

In der Praxis meines Vaters hängt eine inzwischen leicht vergilbte Geschenkurkunde. Darauf steht: »Die besten Ärzte der Welt sind Dr. Diät, Dr. Ruhe, Dr. Fröhlich und Dr. Wittmann.«

Wo, außer in der Politik, ist ein dermaßen systematisches In-den-Arsch-Kriechen dieser Tage eigentlich noch erlaubt? Heute ist das Wulffen gesellschaftlich verpönt, heute kratzen unsere Löffel in den leeren Kaffeetassen!

Von denen haben wir allerdings sehr viele. Ich

glaube, meine Mutter hat noch nie selbst Kaffeetassen gekauft. In unserem Kaffeetassenschrank stapelt sich seit eh und je ein buntes Sammelsurium der verschiedensten Exponate, gleich einer Zeitreise durch die Geschichte der Pharmaindustrie. Ein inzwischen in die Jahre gekommener Becher mit einem verwaschenen grünen Männchen wird von dem Slogan geziert: »Befreit die Bronchien, erleichtert das Abhusten.« Direkt daneben steht ein Henkelbecher, der hat schon ewig einen Sprung, aber wir können uns nicht von ihm trennen. »Ein starker Typ« steht darauf (sogar ohne Markenbezeichnung), und es ist Papas Lieblingskaffeepott.

Vor dem Geschirrschrank liegt ein Block, auf dem so groß das Logo von Viagra gedruckt ist, dass man kaum Platz zum Schreiben hat. Daneben findet sich ein dreißig Zentimeter langer Bleistift mit dem Aufdruck: »Katadolon S long 100. Hält länger.« Egal, wie oft wir damit schreiben, egal, wie oft wir ihn anspitzen – der Bleistift wird und wird nicht kürzer. Und wird deswegen wohl auch niemals die Wohnung meiner Eltern verlassen, es sei denn, er geht kaputt, wie der heißgeliebte Becher mit dem Aufdruck »Luftkurort Wangen im Allgäu 1992. Atmen Sie durch mit Gelomyrtol«. Als der zu lecken begann, hat ihn meine Mutter nur schweren Herzens entsorgt.

Ich habe mir in meinem ganzen Leben noch nie einen Post-it-Block gekauft. Und keine Kugelschreiber. Auch Regenschirme muss ich nicht selbst erwerben, die gibt es bei uns in Hülle und Fülle, sofern man sich nicht zu schade dafür ist, als lebende Litfaßsäule einen Werbeslogan von GlaxoSmithKline durch die Gegend zu tragen. Aus meiner Schulzeit gibt es massenhaft Bilder von Sommerfesten und Bundesjugendspielen, auf denen ich in meinem grünen Lieblings-T-Shirt mit der schmissigen Aufschrift »Ich mach schlapp« posiere, den Daumen freudig in die Höhe gereckt. Schlüsselanhänger, Mousepads, Bilderrahmen, Kalender – es gab nichts, was uns die Pharmaindustrie nicht fröhlich lächelnd in den Rachen gestopft hätte, um meinen Vater, der sich von derlei Krimskrams ohnehin niemals beeindrucken und schon gar nicht beeinflussen ließ, bei der Verordnung liebevoll in die richtige Richtung zu schubsen.

Dass aber selbst unser Haustier gesponsert wurde, damit hätte ich wirklich nicht gerechnet.

Als meine Eltern einmal in die Schweiz fuhren, um sich die Produktionsstätten eines dort ansässigen Pharmaunternehmens anzusehen, kamen sie doch tatsächlich mit einem Hund zurück. Der stammte aus dem Labor und war ein bisschen anders als andere Hunde, wohl weil er die ersten vierzehn Monate seines bemitleidenswerten Daseins ausschließlich in seinem Zwinger, auf einem OP-Tisch oder in Untersuchungsräumen verbracht hatte. Mein Vater erzählte uns, er habe den Hund unter Einsatz seines Lebens aus dem Zwinger befreit. Heimlich. In einer Nacht- und Nebel-Aktion. Mit Nachtsichtgerät und Pfefferspray im Anschlag. Später erfuhr ich, dass der Hund meinen Eltern angeboten worden war. »Ansonsten müssten wir ihn einschläfern«, hatte der betreuende Laborassistent trocken bemerkt.

Weil meine Mutter von dem schrecklichen Schicksal der Beagle-Dame besonders gerührt war und vor Mitleid beinahe verging, wenn sie sie sah, sagte sie ständig: »Mein Mädchen, ach, du liebes Mädchen.« Der Hund war nämlich wirklich sehr lieb. Und demutsvoll. Und irgendwie ergab sich aus dem Geseufze meiner Mutter der Name »Medi«. Ja, ja, ich weiß, was jetzt kommt! Aber nein! Medi kommt ganz allein und hundertprozentig von »Mädchen« und nicht von »Medizin« oder »Medikament«.

Eines Abends, wir standen um das Hundekörbchen geschart, senkte mein Vater die Stimme. »Wisst ihr, dass Medi eigentlich Madonna heißt?« Überrascht hörten unsere Kinderhände einen Moment lang auf, Medi zu streicheln. Dass die Laborratten (die menschlichen) unserem Hündchen einen Namen gegeben hatten, war an und für sich doch nett. Aber wie Madonna sah Medi nun wirklich nicht aus.

»Ihr wisst, wer die Madonna ist?«

»Ja!«, platzte ich hervor. »Eine Sängerin!«

»Auch«, sagte mein Vater milde. »Vor allem ist sie aber die Mutter von Jesus. Kennt ihr den?«

Meine Schwestern und ich sahen uns an. Mehr oder weniger ratlos.

»Also Jesus, das ist der Sohn von Maria«, erklärte Papa.

»Aber ist Jesus nicht der Sohn von Gott?«, fragte ich. Wenn ich auch die meiste Zeit meines trüben Daseins als Mitglied der Eichhörnchengruppe im katholischen Kindergarten wie ein einsamer Wolf durch den Kindergartengarten gestreift war, so viel immerhin hatte ich mitbekommen.

»Stimmt.« Papa nickte.

»Dann iß die Maria mit dem Gott verheiratet?«, lispelte Anne.

»Aber ist die nicht die Frau von Josef?«, grätschte Juliane dazwischen.

»Äh – nein, und eigentlich tut das auch nichts zur Sache«, sagte mein Vater, mit den Details des heiligen Stammbaums ganz offensichtlich überfordert. »Jedenfalls wurde Maria später auch Madonna genannt. Oder die Mutter Gottes. Und Medi, der Hund, wurde im Labor auch so genannt. Aber wir haben ja jetzt einen viel besseren Namen gefunden.«

Wir starrten auf den kleinen Beagle, der sich vor uns zusammengerollt hatte und uns mit großen Augen anschaute. Eindeutig angsterfüllt.

»Medi iß die Mama von Jesus«, lispelte Anne.

Mein Vater atmete einmal tief ein und aus. »Wisst ihr, Medi hat ein besonderes Schicksal hinter sich: Sie war ein Versuchshund. In dem Labor, aus dem Medi kommt, werden mit Hunden medizinische Versuche durchgeführt. Medi zum Beispiel wurde oft der Bauch aufgeschnitten, weil die Leute im Labor herausfinden wollten, wie bestimmte Medikamente wirken.«

Wir schwiegen betroffen.

»Anne, weißt du noch, wie weh das getan hat, als du die Mandeln rausbekommen hast?«

Anne nickte wild.

»Genauso weh hat das der Medi auch immer getan. Nur, sie hat noch sehr viel mehr Operationen gehabt als du.«

»Hat sie danach auch immer so viel Vanilleeis bekommen?«, fragte Juliane mitfühlend.

»Nein, ich denke nicht«, sagte mein Vater, »aber ihr solltet euch alle eine Scheibe an der Medi abschneiden, weil die immer ganz lieb war und niemanden gebissen hat, wenn sie behandelt wurde. Obwohl die Leute im Labor immer so gemein zu ihr waren.«

Und später am Abend, als meine Eltern sich ins Kino verabschiedet und uns je einen Gutenachtkuss auf die Stirn gedrückt hatten, schlichen wir uns aus den Betten und verabreichten Medi eine Zweilitervorratspackung Vanilleeis, als Ausgleich, weil sie nach ihren ganzen schrecklichen Operationen nie welches bekommen hatte. Was sein muss, muss sein. Selbst die anschließende Durchfallorgie, die Medi auf dem teuren Perser meiner Eltern im Wohnzimmer feierte.

Medi war wie gesagt eine wirklich liebe Hündin, aber eben anders … was sich nicht allein in ihrem scheuen Verhalten und ihrer demutsvollen Kopfhaltung ausdrückte (welcher Hund würde nicht angstvoll dreinblicken, wenn eifrige Kinderhände einem alte T-Shirts übers Fell zogen und Sonnenbrillen auf die Schnauze setzten, um dann mit Mikrofonen und Kassettenrekorder Interviews aufzunehmen?). Am Anfang fand ich, dass alles hervorragend klappte: das Treppensteigen-Lernen, das Nicht-in-die-Wohnung-

Pinkeln und das verletzungsfreie sporadische Zusammentreffen mit der Katze. Stellte Mama ihr einen gefüllten Napf hin, fraß sie ihn immer brav leer. Nicht ein Krümelchen fand man danach in der Schale.

Im Körbchen hingegen entdeckte ich des Öfteren etwas: zum Beispiel eine Fünfhundert-Gramm-Packung Fusilli oder auch gern mal ein Paket Butter. Als Medi einmal eine doppelte Portion Pizzamuffins vom Tisch klaute und danach das komplette Wohnzimmer vollschiss, da erklärte Papa uns aufgebrachten Kindern: »Seid nicht so streng mit Medi. Die hat doch immer so wenig gehabt.«

Erst viel später erfuhren wir, dass an unserer Hundedame Appetitzügler erforscht worden waren, und im Zuge dieser Untersuchungen hatte sie tagelang nichts zu fressen bekommen. Bei uns bekam sie dann zwar ausreichend Futter, war aber vom Hersteller falsch programmiert worden und suchte sich deswegen immer noch etwas Nahrungsergänzung zum üblichen Programm, für schlechte Zeiten eben.

Das arme Kriegskind, *sponsered by* Roche.

Als ich zum ersten Mal gezwungen war, in eine Apotheke zu gehen und mir selbstständig Kopfschmerztabletten zu kaufen, war ich bereits Studentin. Bis dahin hatte ich nicht mal für die Antibabypille Geld ausgeben müssen, weil meinem Vater die Probepackungen nur so hinterhergeschmissen wurden. Und in unserem Haus, genauer gesagt: in der Praxis, waren sowieso immer reichlich Medikamente vorhanden, was besonders meine Freunde, und besonders die von der schiefen Bahn, immer wieder dazu einlud, nach der ein oder anderen Gratisprobe zu verlangen.

»Hat dein Alter nicht irgendwas, was voll reinzieht?« Mein kleinkrimineller Freund Marcel und sein Kumpel Tobi ahnten noch nicht, dass sie zum ersten und zum letzten Mal Gast in unserem Haus sein wollten.

Etwas, das voll reinzieht … Ob Marcel dabei wie ich spontan an Nasenspray dachte? Vermutlich nicht, und ich befürchtete, in der spartanisch eingerichteten Hausapotheke in der elterlichen Wohnung (wo es ohnehin nur Präparate mit abgelaufenem Verfallsdatum gab) auch nichts Geeignetes zu finden. Also schlich ich in die Praxis, um nach einem angemessenen Betäubungsmittel zu suchen.

Die Schubladen im Behandlungszimmer meines Vaters sind seit jeher fein säuberlich gekennzeichnet. In der Schublade mit der Aufschrift MAGEN/DARM fand ich mehrere Fläschchen Iberogast, ein paar Packungen Lefax und lose herumfliegende Blister mit Rennie räumt den Magen auf. Unbrauchbar. Die HNO-Schublade ließ ich gleich links liegen und wandte mich der interessanteren zu: DEPRESSIONEN/PSYCHE. Dort fand ich zahlreiche Medikamente, die heute zum großen Teil nicht mehr auf dem Markt sind, was ich nur befürworten kann, denn die Beipackzettel lasen sich wie das Einmaleins der Notfallmedizin: »Präparat kann Brechreiz, Übelkeit, Herzstillstand, schwere Überempfindlichkeitsreaktionen, die mit starkem Blutdruckabfall, Blässe, Angst, schnellem und schwachem Pulsschlag, feuchtkalter

Haut, Bewusstseinseintrübung, Zittern, Atmungsproblemen und plötzlichem Anschwellen von Haut und Schleimhaut einhergehen können, hervorrufen.«

Das war mir jetzt aber doch eine Nummer zu krass. Ich wäre ja gern dabei gewesen, bei so einem kleinen Trip auf Papas Kosten. Aber wollte ich mich wirklich der gefährlichen Körperverletzung schuldig machen, weil ich meinen Freunden ein Antidepressivum in der höchsten Dosierung andrehte? Nein.

Ich wollte mich aber auch nicht als uncoole Loserin abstempeln lassen, die es nicht mal schaffte, zwei vollkommen ungefährliche Halsschmerztabletten aus der Hausapotheke ihres Vaters mitgehen zu lassen. Also griff ich zu einer List. Ich nahm eine Packung Imodium akut und friemelte einen vollen Blister heraus. Dann holte ich ein Medikament aus der Schublade mit der Aufschrift DEPRESSION/PSYCHE, und zwar das mit dem längsten und am kompliziertesten gefalteten Beipackzettel. Ich wickelte ihn um den Blister mit den Durchfalltabletten und hoffte darauf, dass meine coolen, aber medizinisch vollkommen im Dunkeln tappenden Freunde nicht merken würden, dass Tablettenverpackung und Beipackzettel nicht zusammenpassten. Mit ein bisschen Glück konnten sie ohnehin nicht lesen, und die Fähigkeit des logischen Denkens fehlte ihnen im besten Fall sogar ganz. Alles nur eine Frage der Präsentation, dachte ich, die ich bestens trainiert darin war, meinen Eltern in einer dramaturgisch genau ausgezirkelten Spannungskurve nach der Eins in Musik die Fünf in Mathe unterzujubeln.

Ich lief zurück in die Wohnung, in der Hand meine präparierte Ausbeute.

»Hier«, sagte ich und reichte die Tabletten an einen der schweren Jungs weiter. »Voll das harte Zeug.«

»Hey, krasser Scheiß!«, rief Marcel begeistert. »Lass mal sehen, was ist das?«

»Ein Antidepressivum. Macht voll high«, mogelte ich.

Ich bezweifelte, dass er wusste, was ein Antidepressivum war. Klang auf jeden Fall gefährlich und damit gut. Tobi drückte ich den Beipackzettel in die Hand.

»Hat voll die heftigen Nebenwirkungen. Ist bestimmt total der Trip.« Gierig grapschte er nach dem Blister, aus dem sich Marcel bereits bedient hatte.

»Wie viel nimmt man da? Drei oder vier?«, fragte Tobi und schüttete sich die erste Handvoll wie eine Ladung Smarties in den Rachen.

»Ich hab beim letzten Mal nur zwei genommen«, sagte ich, und das war noch nicht mal gelogen, denn erst ein paar Wochen zuvor hatte ich eine heftige Magen-Darm-Grippe gehabt und von meinem Vater ein paar dieser Tabletten bekommen. Gegen den Durchfall halfen sie jedenfalls sehr gut. Aber das verschwieg ich an dieser Stelle diplomatisch.

Eine halbe Stunde später dämmerten meine beiden Kumpels auf dem alten Kindersofa in meinem Zimmer vor sich hin.

»Voll der krasse Scheiß«, murmelte Marcel und ließ die Lider dramatisch flattern.

»Hab noch nie so ein Hammerzeug genommen«,

krächzte Tobi, und selbst aus der Entfernung zwischen dem Sofa und dem Bett, auf dem ich saß, konnte ich es in seinem Bauch ordentlich rumpeln hören.

Am nächsten Tag kamen beide nicht in die Schule. Erst Jahre später habe ich erzählt bekommen, dass in meiner Heimatstadt lange Zeit das Gerücht herumging, ich würde die härtesten Drogen der Gegend verteilen. Komischerweise wurde ich nie mehr von irgendjemandem danach gefragt.

5. Ein verdammt heißer Sommer

Eine meiner Erinnerungen an mein Leben als Ärztekind stammt aus dem Jahr, in dem ich, gerade vierzehnjährig, mit meiner besten Freundin Imke Kemper und ihrer Familie drei Wochen Urlaub auf Korsika gemacht habe. Der Urlaub war eine feine Sache, denn selbst wenn kleinere Geschwister nerven, keine sind jemals so schlimm wie die eigenen. Die Voraussetzungen waren also perfekt: Ich fuhr mit einer Familie, die nicht meine eigene war, in einen herrlich langen Sommerurlaub nach Frankreich, musste mich nicht mit meinen beiden kleinen Schwestern rumschlagen und war mit meiner besten Freundin zusammen. Imke und ich hatten sogar ein eigenes Zimmer! Schon Wochen vorher freute ich mich auf nächtliche Ausbrüche aus der Ferienhaussiedlung, heimliche Partys am Strand und hingebungsvolle Küsse mit leidenschaftlichen Franzosenjungs – das konnte nur super werden!

Doch kaum auf Korsika angekommen, wurde ich von einer bleiernen Müdigkeit überwältigt. Ich schlief die ersten drei Tage beinahe durch. Am vierten Tag war ich endlich in der Lage, das Haus zu verlassen, und schleppte meinen ermatteten, pubertierenden Körper zum Strand. Leider kam ich nicht besonders weit, da ich noch vor der Ankunft am Meer unter einer Pinie Rast machen musste. Ich war vollkommen außer Atem. Am Ende meiner Kräfte und im Bewusstsein, dass irgendwas mit mir nicht in Ordnung war, warf ich mich schließlich die letzten Meter Fuß um Fuß an den Strand. Dort blieb ich zwei Stunden unter dem Sonnenschirm liegen, erschöpft und erschlagen von der Anstrengung. Imke fragte mich, ob ich mit ihr ins Wasser wolle. Ich verneinte. Imke fragte mich, ob ich mit ihr ein Eis holen wolle. Ich verneinte. Imke fragte mich schließlich nichts mehr, und ich konnte nicht anders, als ihr dankbar dafür zu sein.

In der Nacht fror ich bitterlich. Von Schüttelfrostattacken heimgesucht, schlurfte ich durch das Ferienhaus und raffte alle Decken zusammen, die ich finden konnte. Ich ging dabei sogar so weit, dass ich in das Schlafzimmer von Herrn und Frau Kemper einbrach und ihnen die Tagesdecke, die vom Bett auf den Boden gerutscht war, klaute.

Am nächsten Tag war der Schüttelfrost weg, und mir brach wieder bei jedem Schritt der Schweiß aus. Mir war so heiß, dass ich mich kaum bewegen konnte. Trotzdem hievte ich mich an den Strand, die Gedanken an die feurigen Franzosen und literweise Eis am Stiel mobilisierten die letzten Kräfte. So ging das mehrere Tage, nach einer Woche traute ich mich erstmals ins Wasser und ertrank fast dabei. Als ich mich nach nur zehn Minuten aus den reißenden Fluten gekämpft hatte (zu diesem Zeitpunkt wusste ich noch nicht, dass wir nicht etwa an der wellenreichen West-, sondern an der familienfreundlichen und strömungsarmen Ostküste residierten), sank ich ermattet auf mein Handtuch und bewegte mich für den Rest des Tages keinen Zentimeter mehr.

Als wir an einem Tag die Festung von Bonifacio, einer Stadt im Süden der Insel, besuchten und ich vor der, wie es mir schien, kilometerlangen Treppe den Berg hinauf stand, brach ich in Tränen aus und beschloss, im Auto auf die anderen zu warten. Die Kommentare der anderen machten es nicht besser.

»Komm schon, Caro, versuch es wenigstens«, versuchte Imke, mich aufzuheitern.

»Caro ist zu diiick, Caro ist zu diiick!«, sprangen Imkes Schwestern gut gelaunt und braun gebrannt um mich herum. In diesem Moment beschloss ich, dass es doch besser war, mit eigenen Geschwistern in Urlaub zu fahren, weil man die wenigstens schlagen konnte, ohne dass man dafür ernsthaft zur Rechenschaft gezogen werden konnte (Schutzgelderpressung war damals noch das Harmloseste, was man mit seinen jüngeren Geschwistern anstellte).

Ich setzte mich über die gut gemeinten Ratschläge und motivierenden Aufforderungen hinweg und ließ mir den Autoschlüssel geben. Und beim Weggehen, da bin ich mir bis heute absolut sicher, hörte ich Herrn Kemper zischeln: »Mit so einem dicken Kind fahren wir aber nicht mehr weg!«

In diesem Urlaub wurde ich nicht braun. Ich wurde nicht einmal beige. Ich war am Tag der Abreise genauso quarkweiß wie am Tag der Ankunft (keine Überraschung, ich hatte ja auch den ganzen Urlaub nur im Haus oder im Schatten gelegen – seit dieser Zeit weiß ich, dass man im Schatten NICHT braun wird, und bleibe so lange in der Sonne liegen, bis sich Blasen auf meiner Haut bilden), aber immerhin vier Kilo leichter. Die Kleider schlackerten um meinen Körper, als ich in den Minibus der Kempers einstieg. Mir war immer noch heiß. Furchtbar heiß. So heiß, dass selbst die Klimaanlage nichts gegen meine Hitze hätte ausrichten können. Die blieb bei der Rückfahrt allerdings aus, denn Daniela, die kleine Schwester von Imke, hatte sich einen sehr schmerzhaften Trommelfellriss zugezogen und durfte sich auf keinen Fall verkühlen. So saß ich ganz hinten, im Heck des Minibusses, und fieberte der Ankunft zu Hause entgegen.

Meine Eltern nahmen mich bereits auf dem Hof in Empfang. Mein Vater musterte mich mit skeptischem Blick, dann griff er mir unvermittelt an den Hals und tastete die Lymphknoten ab.

»Wie lange hast du schon die geschwollenen Lymphknoten?«, fragte er, während er die leberknödelgroßen Wucherungen an meinem Hals befingerte.

»Keine Ahnung«, stöhnte ich unter Schmerzen, »seit dem Anfang des Urlaubs, glaube ich.«

Mein Vater fasste mir an die Stirn. »Und Fieber hattest du auch die ganze Zeit?«

Die Kempers drückten sich verlegen vorm Gartenzaun rum.

»Na ja, Fieber«, sagte Frau Kemper, »höchstens ein bisschen erhöhte Temperatur.«

Frau Kemper war übrigens Krankenschwester und gehörte damit der geheimen Untergrundorganisation der Fieberverharmloser an.

»Kein Problem …«, sagte mein Vater und lachte, »das war das Beste, was Sie hätten tun können! Einfach aushalten, von so ein bisschen Pfeiffer-Drüsenfieber geht man schon nicht kaputt – wichtig ist vor allem das Auskurieren. Pfeiffer kriegt man ja ohnehin nur einmal im Leben, aber wenn man nicht aufpasst, kann das einige Wochen dauern.«

Er klopfte mir auf die Schulter. »Medikamente brauchst du jetzt ja keine mehr, das Schlimmste hast du überstanden. Du hast gute Selbstheilungskräfte, Tochter! Ich bin stolz auf dich, dass du den Virus ohne Gegenmaßnahmen bekämpft hast.« Und mit Blick auf die Kempers fügte er noch hinzu: »Komisch, dass sich keiner von euch angesteckt hat«, zuckte dann aber die Achseln und lud meine temporäre Ersatzfamilie auf eine Apfelsaftschorle ins Haus ein. Ich bekam für den Rest der Ferien Schonfrist verordnet und blieb drei weitere Wochen im Haus.

Danach war ich noch zweimal auf Korsika. Jedes Mal bin ich im Meer geschwommen, bin auf gelben Riesenbananen, von einem Motorboot gezogen, über das Wasser gehüpft, habe Lagerfeuer am Strand veranstaltet, einmal sogar mit einem Franzosen rumgeknutscht, Pinienzapfen gesammelt und bin sogar auf die Festung von Bonifacio gestiegen. Pfeiffer-Drüsenfieber habe ich nie wieder bekommen.

6. Alles Simulanten

Das Wichtigste, was man als Ärztekind wissen muss, ist, dass es eigentlich gar keine richtigen Kranken gibt. Jedenfalls keine, die man wirklich und richtig ernst nehmen sollte. Die meisten Patienten tun nämlich nur so, als ob sie krank sind, dabei wollen sie sich in Wahrheit einfach vor der achten teambildenden Maßnahme in Folge drücken, brauchen mehr Urlaubstage für die Renovierung der Wohnung oder haben schlichtweg keinen Bock zu arbeiten. Die »Krankheiten«, die diese Leute haben, heißen im Ärztejargon Montagsdepressionen, Faulenzia vulgaris, das Burn-out-Syndrom oder die Brückentagsgrippe. Der Tag, den sich der Erkrankte von Dr. Krankenschein freigeben lässt, heißt bei meinem Vater dementsprechend Rückentag, weil sich die meisten Arbeitnehmer, die am Freitagmorgen nach Christi Himmelfahrt oder Fronleichnam (sehr beliebt auch Aschermittwoch) anrufen, um sich krankschreiben zu lassen, am Feiertag »verhoben« haben und so »ausgerenkt« sind, dass sie noch nicht mal in die Praxis kommen können.

Richtige Profis in Sachen Blaumachen kommen schon zwei bis drei Tage vor dem Feiertag oder verlängerten Wochenende und klagen über Kopf- und Gliederschmerzen, Halsweh und ein leichtes Kratzen im Hals. Wenn mein Vater so was hört, schüttelt er nur angewidert den Kopf, verschreibt Vitamin-C-Tabletten und sagt den leicht angesäuerten Patienten: »Ihren Präventivhusten kriegen Sie mit ein paar Stunden Schlaf ganz leicht in den Griff. Außerdem verordne ich Ihnen eine Extraportion Bewegung an der frischen Luft, eine leichte Diät und viel Ruhe. Fastnacht kommt nächstes Jahr wieder, und bis dahin sind Sie garantiert wieder fit!«

Man kann sich vorstellen, dass mein Vater bei Blaumachern einen ganz besonderen Ruf hat.

»Neunzig Prozent meiner Zeit verbringe ich als Psychotherapeut«, jammert er immer, »acht Prozent kümmere ich mich um ein paar Chronische, und den Rest der Zeit schlage ich mich mit Lappalien herum!«

Ich glaube, dass mein Vater insgeheim der verpassten Chance nachtrauert, den HI-Virus entdeckt oder zumindest im Institut für Tropenmedizin den ersten Vorsitz innezuhaben. Die Langeweile in der Praxis kompensierte er gut zwanzig Jahre lang mit aufsehenerregenden und zum Teil hanebüchen gefährlichen Beschäftigungen. Eine Zeit lang war er begleitender Expeditionsarzt bei Bergbesteigungen. Er liebt es seit jeher, möglichst weit in die Ferne zu schweifen. Er war in Nepal, auf dem Montblanc und in Argentinien, auf dem Tafelberg in Südafrika und sogar mal in den Dolomiten. Meistens blieb er bei diesen Expeditionen für ein paar Monate fort. Und während wir auf seine baldige Rückkehr hofften, lasen wir irgendwann in der Regionalzeitung, die mein Vater für die Berichterstattung angeheuert hatte, dass eine Schlammlawine das Basislager überrollt hatte.

Und so war das Abenteuer immer auch ein bisschen auf unserer Seite.

Während dieser Auszeiten übernahm ein berenteter Kollege die Praxis. Dr. Kalbfleisch, so sein Name, war bei den Patienten beliebt (er schrieb krank) und von meinem Vater geachtet (er trieb Sport und tat sich außerdem ohne zu murren die stundenlangen Diaabende nach der Rückkehr meines Vaters im elterlichen Wohnzimmer, an).

Als die Höhenflüge meinem Vater nicht mehr genug Nervenkitzel bereiteten, wechselte er ins ewige Eis. Mit verschiedenen Expeditionsschiffen durchkreuzte er die Arktis, umschiffte Grönland, residierte in Ushuaia in Argentinien und fotografierte das Nordpolarlicht im norwegischen Tromsö. Als es ihm dort irgendwann zu kalt wurde, verlagerte er seine Reisen auf die Äquatorialzone. Mit dem Rovos-Express fuhr er ab Daressalam einmal quer durch Afrika bis nach Kapstadt, bestieg aztekische Ruinen in Tenochtitlán und legte zu Ehren der 1631 verstorbenen Hauptfrau des Generalmoguls Shah Jahan ein paar Blütenblätter vor das Taj Mahal.

Um es kurz zu machen: Mein Vater führt insgesamt ein alles andere als langweiliges Leben, und meine Mutter auch nicht, seit mein Vater seine Reiseziele auf die mittleren Breitengrade verschoben hat und sie ihn begleitet. Und trotzdem ist er genervt von der Monotonie der Allgemeinarztpraxis, um die er sich, wenn er Dr. Kalbfleisch wieder in die Warteschleife schickt, acht Monate im Jahr selbst kümmern muss.

Wenn es einmal passiert, dass ein Patient in die

Praxis kommt und nicht nur jammern, blaumachen oder seinen Schnupfen behandeln lassen will, sondern eine womöglich unentdeckte Krankheit mit seltenen Symptomen hat, wird mein Vater immer ganz wuselig und verbringt Tage vor seinem Rechner oder irgendwelchen medizinischen Atlanten, wo er nach der Lösung für seinen akuten Lieblingspatienten sucht. Er findet dann oft ganz und gar ungewöhnliche und kaum zu erkennende Krankheiten, die man höchstens aus *Grey's Anatomy* kennt, übrigens die einzige Darreichungsform der medizinischen Wissenschaften, die mich wirklich interessiert. Ich kenne Elephantitis, das Angelman-Syndrom, die Hasenpest und diesen kleinen Fisch aus Südamerika, der beim Pinkeln in den Amazonas über den Urinstrahl in den Penis schwimmt, sich dort verhakt und schlimme und sehr schmerzhafte Entzündungen hervorruft. Mein Vater ist ein brillanter Diagnostiker, deswegen kann ich ihm nicht krummnehmen, dass ihn Angina tonsillaris, Magen-Darm-Infekte und Co. anöden. Die erkenne ja selbst ich, und zwar ohne Fachliteratur.

Wenn man nun aber doch krank ist, also schlechte Blutwerte und ein bisschen Fieber, kötteligen Stuhlgang oder braunen Urin oder alles zusammen hat, dann liegt das garantiert am mangelnden Sport, am Übergewicht oder am Rauchen. Und wenn es an keinem von allen dreien liegt, weil man Sport treibt, normalgewichtig ist und nicht raucht, dann liegt es garantiert daran, dass man ein Simulant ist. Auf dem Anamneseblatt steht bei Diagnose dann »Einbildung«, und das ist sowieso die allerschlimmste Krankheit. Die ist nämlich unheilbar. Und das Allerallerschlimmste ist: Die komplette Familie meines Vaters leidet ausnahmslos und immer an schwerer, garantiert tödlich verlaufender und unheilbarer Einbildung.

Zum Glück treibe ich keinen Sport, wiege immer zu viel und rauche gern. Mindestens eine halbe Packung am Tag, meistens aber mehr. Ich kann mir nicht gefallen lassen, als Simulant verunglimpft zu werden, deswegen gebe ich mir große Mühe, ein möglichst ungesundes Leben zu führen. Trotzdem behauptet mein Vater, solange ich denken kann, dass ich mir meine Migräne, die mich im sechswöchigen Rhythmus in verschiedensten Ausprägungen heimsucht, einbilde. Daran leide ich, seit ich fünf Jahre alt bin, und bis heute frage ich mich, wie ich mir als Kind schon Migräne einbilden oder sie simulieren konnte. Damals wusste ich nicht, was Migräne, geschweige denn ein Simulant ist, trotzdem schlussfolgerte mein Vater schon früh blitzgescheit, dass ich nur an der schwersten und schrecklichsten Pandemie der modernen Welt erkrankt sein kann: Einbildung.

Jahre später habe ich erfahren, dass es für diese Krankheit sogar einen Namen gibt: das Münchhausen-Syndrom. Dabei bilden sich Leute ein, dass sie Beschwerden haben. Nein, das ist nicht richtig, da sprach jetzt schon wieder das Ärztekind. Richtiger ist: Die Menschen, die am Münchhausen-Syndrom erkranken, haben tatsächliche Beschwerden, nur leider können die weder auf dem Röntgenbild noch im Kernspin noch an den Blutwerten oder irgendeiner sonstigen ärztlichen Überprüfungsmöglichkeit abgelesen werden, da sie im Kopf des Patienten entstehen. Genauer gesagt in der Psyche, da kommt das Münchhausen-Syndrom nämlich her. Um es kurz zu machen: Wer das Münchhausen-Syndrom hat, bildet sich nicht nur ein, Schmerzen zu haben, sondern ist auch noch doof genug, sie für wahr zu halten.

Die Leute, die an dieser schrecklichen Krankheit leiden, hängen, seit es das Internet gibt, bevorzugt vor dem Rechner rum und googeln ihre Symptome. Aus einer einfachen Erkältung wird im Nullkommanix eine Lungenentzündung, geschwollene Lymphknoten sind die Unheil bringenden Vorboten von Krebs, und wer mit Mitte vierzig noch kein Insulin spritzen muss, mit dem stimmt sowieso etwas nicht. Mein Vater nennt diese Leute liebevoll seine »Wikipedia-Hypochonder« mit einem offensiven Schmerzempfinden – was nicht mehr heißt, als dass sie wegen jeder Kleinigkeit ein Riesentheater machen und sprichwörtlich leiden, bis der Arzt kommt. Und wenn der Prophet nicht zum Berg kommt, macht sich der Berg auch schon mal selbst auf den Weg.

In der Regel sind sie am Montagmorgen die Ersten in seiner Praxis, oft sind sie sogar schon vor dem Doktor da, bevor sich die heilige Pforte von Dr. Wittmann überhaupt öffnet. Diese Chipkartentouristen werden von den Helferinnen, die ihre Pappenheimer natürlich kennen, meist für mehrere Stunden im Wartezimmer geparkt, denn der Montagmorgen ist traditionell fürs Blutabnehmen und die kleinen bis größeren Gebrechen reserviert, die sich die »normalen« Patienten (also die Simulanten und die Blaumacher) am Wochenende zuziehen – aber selbstverständlich nicht auch am Wochenende behandeln lassen, denn erstens müsste man da noch mal zehn Euro Praxisgebühr in der Notdienstzentrale bezahlen, zweitens ist das Wochenende heilig, und drittens kann man Arztbesuche doch auch ganz bequem in die reguläre Arbeitszeit verlegen, warum also die Eile?

Neben den üblichen Verdächtigen finden sich also jeden Montagmorgen immer auch die, die eigentlich schon wissen, was sie haben, weil sie das ganze Wochenende in einschlägigen Foren verbracht haben und jetzt bestens informiert sind. Meist sind das Lehrer oder andere Beamte, die, während sie wie die Hühner auf der Stange im Wartezimmer ausharren, um die Zeit bis zur lang herbeigesehnten Konsultation zu verkürzen, schon einmal mit der Planung der kommenden vier krankgeschriebenen Tage beginnen, *Mein schöner Garten*, *Schöner Wohnen* oder *Schöner Schrauben – das Oldtimermagazin* blätternd. Sehr zum Leidwesen meines Vaters. Und jedes anderen Arztes, der doof genug ist, am Montagmorgen seine Praxis zu öffnen.

Wikipedia-Hypochonder sind die Schlimmsten von allen. Sie verfügen, wie mein Vater immer zu sagen pflegt, über einen sehr hohen Leidensfaktor. Natürlich sind sie kerngesund, extrem sensibel (um nicht zu sagen: empfindlich), meist wetterfühlig und in der Regel medizinisch ausgebildet. Zumindest so weit, wie man es ohne abgeschlossenes medizinisches Hochschulstudium eben sein kann. Wikipedia-Hypochonder zitieren oft und gern aus der Roten Liste und würden, wenn sie könnten, in den Universitätsbibliotheken dieses Landes in verstaubten Atlanten nach den wohl am seltensten diagnostizierten Krankheiten suchen (was sie nicht tun, denn sie haben eine ausgeprägte Stauballergie und reagieren auf den äußerst seltenen und von der Wissenschaft noch nicht bewiesenen Papierschimmelpilz, der die Atemwege verstopft und zu Lähmungen führt, mit spontanen epileptischen Anfällen – aber zum Glück gibt's das Internet!), um am Montagmorgen, dem wichtigsten Tag ihrer Woche, beim behandelnden Arzt ihres Vertrauens aufzulaufen und zu verkünden: »Ich habe das Hashimoto-Syndrom!«

Wichtig bei der Auswahl einer eingebildeten Krankheit: Sie sollte selten bis unbekannt, unter Umständen (bei besonders misstrauischen Ärzten) sogar erfunden sein, nicht zwangsläufig tödlich verlaufen, aber eine sehr aufwendige Behandlung und eine noch längere Reha nach sich ziehen, im besten Fall sogar in der Frührente enden. Denn es ist ja nicht so, dass der Wikipedia-Hypochonder an der eingebildeten Krankheit sterben will – nein, er braucht nur viel, viel mehr Zeit, um noch weitere nicht diagnostizierte Erkrankungen an seinem maladen Körper zu finden, den behandelnden Arzt auf Kunstfehler zu verklagen und sehr lange und sehr teure Prozesse gegen ihn zu führen. Und das alles kann der Wikipedia-Hypochonder natürlich nicht während seiner Arbeitszeit machen, ist ja klar, deswegen sollte er möglichst früh berentet werden. (Die weibliche Gattung dieser Spezies ist medizinisch übrigens so bewandert, dass sie, ohne Aufsehen zu erregen, ihren meist hoch lebensversicherten Angetrauten um die Ecke bringen kann, ohne dass irgendjemand Wind davon bekommt, also Augen auf beim Ausstellen des Totenscheins!)

Dem behandelnden Arzt bleibt im Fall eines Wikipedia-Hypochonders nicht mehr übrig, als sich die Symptome, die der Betroffene meist in einer aufwendigen Excel-Tabelle bereits vorsortiert und ausgewertet hat, bis ins eitrige Detail aufzählen zu lassen, betroffen zu nicken und den Wikipedia-Hypochonder dann unverrichteter Dinge nach Hause zu schicken. Natürlich nicht, ohne ihm vorher eine Röntgenparty, ein CT, einen Kernspin oder mindestens ein großes Blutbild in Aussicht zu stellen und den »Patienten« dann möglichst schnell und auf möglichst kurzem Dienstweg an einen anderen Arzt, idealerweise einen Spezialisten, zu überweisen. Im besten Fall zu einem Arzt, der sich auf das Oberstübchen spezialisiert hat, und damit ist nicht der gemeine Neurologe, sondern der Meisendoktor gemeint.

Je nachdem, ob der eingebildete Kranke privatversichert oder nur Holzklassepatient ist, gestaltet sich dies leichter oder schwieriger. Aber solange auf der Überweisung das Richtige steht (wahlweise Morbus Meißner, das heißt »Sprung in der Schüssel«, »cerebrale Obstipation«, übersetzt in etwa »geistige Verstopfung«, »mentale Fraktur« oder das allseits verständliche »Simulitis«) weiß auch der folgebehandelnde Arzt, wo der Frosch die Locken hat.

Der Wikipedia-Hypochonder, für den der Arzt nicht nur Behandler, nicht nur Seelsorger, Bruder im

Geiste und intellektueller Sparringpartner ist, dankt dem Bestätiger seiner wirren Theorien meist mit der Gabe kulinarischer Opfer. Ob selbst eingekochte Marmelade (oft, ganz im Sinne des Erfinders, seltene Mischungen wie Quitte-Holunder, Papaya-Mandel-Kirsch oder Erdbeer-Zucchini), eigenhändig geimkerter Honig oder selbst gekelterter Wein, der Wikipedia-Hypochonder ist sich für nichts zu schade, wenn es darum geht, dem Menschen, der das wacklige Kartenhaus der eigenen bescheuerten Wahrnehmung aufrechterhält, seine Dankbarkeit zu offenbaren. Und so stolziert der Wikipedia-Hypochonder mindestens einmal die Woche in die Kathedrale seines Glaubens, die Praxis, spricht seine Gebete, bricht das Brot und verteilt es unter den Armen (unter seinen und denen des Arztes), um auch im kommenden Quartal das teurere Medikament, die bessere Behandlung oder die längere Krankschreibung zu ergattern.

Kein Wunder, dass sich der Mediziner als solches für Gott hält.

7. Ein Job mit Fingerspitzengefühl

An einem sonnigen Sonntag im April, wir schreiben das 17. Lebensjahr nach meiner Zeugung, rief mich mein Vater über die Sprechanlage in die Praxis hinunter. Die war praktisch, wenn man mal eine Aspirin-to-go brauchte, relativ unpraktisch, wenn man dadurch zum Handlanger des Vaters wurde.

»Caro?«, dröhnte seine Stimme blechern scheppernd durch die Sprechanlage. »Kannst du mal kurz kommen? Ich brauche deine Hilfe.«

Das klang interessant. Mein Vater brauchte, seit ich nicht mehr fünf Jahre alt war und seine »Schreibarbeiten« übernommen hatte, eigentlich nie meine Hilfe, geschweige denn die Hilfe von irgendjemandem aus der Familie. Komisch nur, dass er mich für diese unbenötigte Hilfe in die Praxis zitierte. Ich schlitterte neugierig die Stufen im Treppenhaus hinunter und kam vor dem Labor zum Stehen.

Auf der Liege lag ein Mann. Mit einem Tuch hielt er sich das linke Auge zu, neben dem Taschentuch blubberte das Blut direkt in sein Ohr hinein, aus dem ein paar blonde, blutverkrustete Haarbüschel herausguckten.

»Du müsstest mir mal assistieren«, sagte mein Vater und nickte mit dem Kopf in Richtung Waschbecken. »Mach dich mal sauber.«

Irritiert, aber nicht abgeneigt, wusch ich mir die

Hände und legte mir den Mundschutz um, den mein Vater neben dem Waschbecken bereitgelegt hatte. Ich spritzte ein paar Tropfen ätzend riechendes Desinfektionsmittel in meine Handflächen, streifte ein paar Einmalhandschuhe über und trat an die Liege.

»Pass mal auf«, erklärte der Onkel Doktor, »wir nehmen jetzt gleich die Kompresse weg, und dann musst du die Wunde zusammenhalten, während ich nähe. Kriegst du das hin?«

»Klar«, nuschelte ich hinter dem Mundschutz.

Wunde zusammenhalten, meine einfachste Übung, ich bin schließlich Arzttochter, das liegt mir im Blut. Dachte ich.

Ich hätte es besser wissen müssen.

Der Mann auf der Liege nahm die »Kompresse«, also sein mittlerweile vollkommen blutgetränktes Stofftaschentuch, vom Auge. Sofort fing der Saft des Lebens aus der aufgeplatzten Augenbraue lustig zu sprudeln an und troff ihm ins Auge.

»Huch«, sagte mein Vater. »Herr Maier, wird's gehen?«

»Na klar«, nuschelte Herr Maier mit tiefenentspanntem Grinsen. Entweder hatte ihm mein Vater eine volle Ladung Beruhigungs- und Schmerzmittel gegeben, oder das Adrenalin pumpte noch mit Karacho durch seinen Körper und verzerrte ihm anständig die Realität.

Mein Vater sah mich an. »Caro, jetzt halt das mal zusammen.«

In Ermangelung einer besseren Idee und Anweisung packte ich zu. Ich ergriff beherzt die Augenbraue, die von einem mindestens fünf Zentimeter großen Riss geschmückt wurde, und drückte die beiden fleischigen Hälften zusammen. Das Blut hörte nicht auf zu strömen. Mein Vater zückte Nadel und Faden und kam auf mich (zitternd) und Herrn Maier (grinsend) zu.

»Und schon kann's losgehen!«, rief der Herr Doktor freudig und begann mit der Renovierungsarbeit.

Als ich sah, wie er den langen Haken in das Wundfleisch drückte, wurde mir endgültig mulmig. Mit handwerklichem Geschick, das das tapfere Schneiderlein vor Neid hätte erblassen lassen, fädelte mein Vater den dicken, schwarzen Faden ein und zog ihn durchs erste Fleischloch.

Mein Magen drehte sich schon mal um, der hatte wohl keine Lust mehr zuzugucken.

Mein Vater hakte die Nadel in den gegenüberliegenden Fleischfetzen ein.

Ich konnte ein leises Aufstoßen nicht unterdrücken.

»Na, na, na«, sagte mein Vater und sah zu mir hoch. »Nicht auf den Herrn Maier brechen, wenn's geht.«

Ich lächelte gequält und nahm mir vor, wegzusehen, konnte aber den Blick nicht von der wulstigen Wunde wenden, aus der das Blut immer noch munter herausquoll.

»Caro, du musst das schon richtig zusammenhalten«, rief mein Vater nun ungehalten, »sonst nähe ich den Herrn Maier schief zusammen, und das wär doch nicht schön.«

Herr Maier grunzte, meine Hand begann zu zittern.

»Ich glaub, ich brauch 'ne Pause, Papa.« Ich keuchte mehr, als dass ich sprach.

Mein Vater stöhnte. »Meine Güte! Was seid ihr nur für Sensibelchen! Meinst du, du kannst noch neun Stiche aushalten, oder müssen wir abbrechen?«

»Ab-bre-chen«, kam es von einem Würgen unterbrochen aus mir heraus, während die Hautlappen von Herrn Maiers Augenbraue unter meinen Fingern hin und her rutschten.

Eigentlich meinte ich »erbrechen«.

Mit etwas Fantasie hätte ich mir das Ganze wie das Rouladenbinden meiner Mutter vorstellen können. Nur mit etwas mehr Blut und etwas mehr Herrn Maier. Aber anscheinend wollte sich meine Einbildungskraft in dieser heiklen Situation lieber nicht einmischen.

»Na gut, was soll's. Dann geh ins Wartezimmer, und leg dich da auf den Boden. Beine hoch. Kann ich ja nicht ahnen, dass meine Töchter solche Waschlappen sind. Von mir haben sie das nicht!«, sagte mein Vater entschuldigend in Herrn Maiers Richtung.

Der grunzte wieder und nickte verständnisvoll mit dem Kopf. »Soll ich halten?«

Mein Vater winkte ab. »Ne, erst mal nicht. Ich hab noch mehr Töchter. Caro, rufst du mir mal Jule runter?«

Mit zitternden Beinen wankte ich zur Sprechanlange und rief mit dünner Stimme in die Wohnung über uns. Kurz darauf hörte ich polternde Schritte auf der Treppe. *Mission accomplished*, ich verkroch mich ins Wartezimmer.

Dort saß ein Mann. Das war an sich nichts Ungewöhnliches, denn bevor die Notfalldienstzentrale in unserer Stadt eingerichtet wurde, hatten Ärzte mit Rufbereitschaft sonntags die Praxis für Notfälle geöffnet.

Ich ließ mich neben den jungen Mann auf einen Stuhl plumpsen und stöhnte laut. Mir war kotzübel. Ich hatte mir schon einiges ansehen müssen, wenn mein Vater Notdienst hatte. Ich hatte aus Lippenbändchen ausgerissene Piercings und blutvergiftete Patienten infolge von entzündeten Tätowierungen gesehen, hatte Alkoholleichen die Kotztüte gehalten und sogar mal bei einem eingewachsenen Zehnagel assistiert, aber das hier war eindeutig zu viel. In meinen Fingerspitzen fühlte ich immer noch, wie die beiden Fleischlappen in meiner Hand pulsierten.

»Entschuldigen Sie«, sagte da der Mann zu mir, der neben mir saß. »Entschuldigen Sie, wenn ich Sie störe, aber Sie sitzen auf meinem Finger.«

Ich sah ihn an. Dann seine rechte Hand. Sie war in ein riesiges Handtuch eingewickelt, das der Mann mit der linken Hand festhielt.

»Also, eher auf der Fingerkuppe«, sagte er mit einem Lächeln. »Brotmaschinen sind wirklich sehr gefährlich.«

In diesem Moment spürte ich den kleinen knubbeligen Gegenstand, auf dem ich saß … dann wurde es dunkel, und ich fiel in eine tiefe, sorgenfreie Ohnmacht.

8. Der Polackenzipfel

Meine Schwester Juliane hat, was Männer angeht, seit jeher einen extravaganten Geschmack. Die ersten Jahre ihrer Pubertät verbrachte sie damit, alle Jungs in ihrer Umgebung mit ihrem umwerfenden Aussehen und ihrer sorgsam gehüteten Jungfräulichkeit total verrückt zu machen. Dann kam sie mit dem Oberschluffi der Stufe zusammen, nahm sieben Kilo zu und fiel im Ranking um die heißeste Braut der Stufe ein paar Plätze zurück. Nach dem Abi legte sie die angefutterten Kilos und auch ein paar ätzende Gewohnheiten ab und wurde zu einem sehr netten Menschen.

Als sehr netter Mensch fand sie auch bald einen sehr netten Freund, Janek Eglinski, dessen Eltern in den Siebzigerjahren aus Polen nach Deutschland gekommen waren. Janek ist hier geboren und ein feiner Kerl, nur manchmal scheint es, als ob er die Kultur der Deutschen nach wie vor misstrauisch beäugt. Zumindest dann, wenn er selbst ins Fadenkreuz der Aufmerksamkeit rückt.

An einem bis dato unspektakulären Sonntagmorgen saß meine Familie zusammen beim Frühstück. Wir sprachen über das Übliche, also die ekelhaften Notfälle meines Vaters aus der vergangenen Nacht. Manchmal, wenn wir Fremde zu Besuch haben und mein Vater erzählt, was so alles passieren kann, wenn erwachsene Männer im alkoholisierten Zustand versuchen, eine Dose Würstchen zu öffnen, bekomme ich eine Ahnung davon, wie skurril unsere Gesprächsthemen auf andere wirken. Und mein Vater verschont keinen mit seinen Geschichten, vor allem nicht neue feste Partner seiner Mädchen oder solche, die es gern werden möchten. Erzählt mein Vater von einem Patienten mit Morbus Vorwerk, weiß jeder in der Familie natürlich sofort, wie der Hase läuft.

»Junge, lass dir nur eines sagen«, witzelt er dann im Anschluss jovial und klopft dem vom Gehörten sichtlich erschrockenen und angewidert dreinblickenden jungen Mann väterlich auf die Schulter, »zieh eine Frau immer dem Staubsauger vor, egal was dir die Leute erzählen!«

Und selbst die Geschichte mit der rektal eingeführten Colaflasche gibt er immer wieder zum Besten, und er vergisst niemals zu sagen: »Das ist Physik, Freunde, deswegen funktioniert das nicht. Unterdruck, versteht ihr?«

Glücklicherweise bleibt mein Vater bei seinen Anekdoten aus seinem erheiternd-eitrigen Berufsalltag immer der Schweigepflicht treu. Das ist schön, zum einen für die Patienten, vor allem aber für uns, denn nicht immer möchte ich wissen, welche obskuren Sexualpraktiken jemand verfolgt, der morgens beim Bäcker vor mir in der Reihe steht. Oder noch schlimmer: hinter mir.

Mein Vater ist also stets diskret, was die Identität seiner Patienten angeht – wenn auch nicht immer freiwillig. Er leidet nämlich unter einer angeborenen Krankheit, die nur Ärzte bekommen: Namnesie.

Das kategorische Vergessen aller Vor- und Zunamen. Und so passiert es beinahe täglich, dass er irgendeinen unserer Freunde in der Wohnung trifft, freudestrahlend auf den vermeintlich neuen Gast zuläuft und ihm die Hand hinstreckt: »Hallo, ich bin der Fritz.«

Der Angesprochene, leicht irritiert, sagt: »Ich weiß, ich war am Freitag schon mal hier. Ich war mit Ihrer Tochter …«

»Duz mich doch!«

»Als Caro und ich vor ein paar Tagen saunen waren, haben wir uns zufällig, ähm, kennengelernt …«

»Ach, du warst das?« Mein Vater ist dann immer sehr ehrlich verwundert. »Ist ja lustig, so angezogen erkennt man dich ja gar nicht.«

Um dem Betroffenen drei Wochen später erneut das Du anzubieten. Ich vermute, er findet es insgeheim toll, dauernd neue Leute kennenzulernen, sodass er sich erst gar keine Mühe gibt, jemanden wiederzuerkennen.

Und Namen kann er sich sowieso nicht merken. Gar keinen. Nur Krankheitsbilder. Eine typische Konversation mit meiner Mutter geht ungefähr so:

»Weißt du noch, der Alte, dem die Tankstelle am Ortsausgang gehörte?«

Meine Mutter nickt. »Der Dings?«

»Ja, genau. Der mit der Leberzirrhose.«

»Ach nee, dann mein ich einen anderen. Den, dessen Tochter du mal dieses hässliche Furunkel am Kinn entfernt hast.«

»Nein, nicht der. Ich meine den anderen.«

»Ach so, den Dings. Mit dem Blinddarmdurchbruch.«

»Ja, genau, der. Du, stell dir vor, der war neulich in der Praxis. Der hat jetzt ein kolorektales Karzinom.«

»Maligne?«

»Na ja, drei Monate, schätze ich. Der macht nicht mehr lange. Aber der hat einen hübschen Schrebergarten, hast du mich nicht neulich gefragt, ob ich wen kenne, der seinen loswerden will?«

Falls jemand der geneigten Leserschaft noch einen letzten Hoffnungsschimmer hatte, dass es bei Ärzten pietätvoll zugeht, dem sei an dieser Stelle gesagt: Dem ist nicht so.

Was ich jedoch absolut bestätigen kann, ist, dass die ärztliche Schweigepflicht bei uns penibel eingehalten wird – wir haben noch nie einen Namen erfahren. Wir haben mitbekommen, dass irgendein Patient, der irgendwann mal eine schlimme inoperable Hammerzehe hatte, Hepatitis A bis Z mit Sonderzeichen bekommen hat, aber es würde verdammt schwer werden, diese mickrigen Anhaltspunkte mit irgendeinem uns bekannten oder unbekannten Menschen in Verbindung zu bringen. Und meistens haben wir auch gar keine Ahnung, wovon unsere medizinisch versierten Eltern da überhaupt sprechen. Oder wer kommt schon darauf, dass Parotitis epidemica in der ärztlichen Geheimsprache einen ordinären Mumps bezeichnet? Niemand.

Aber manchmal, da verstehen wir Kinder, die wir allesamt nicht weiter in den medizinischen Bereich vorgedrungen sind, doch etwas. Zum Beispiel dann, wenn es um unsereins geht.

Wir saßen also gemeinsam beim Frühstück, und während meine Mutter ihr Sonntagsei mit einem beherzten Schwung des Messers köpfte, fragte mein Vater: »Ach ja, apropos Ei, Jule, wie läuft's bei euch eigentlich mit der Sexualität?«

Meine Schwester ließ und lässt sich bis zum heutigen Zeitpunkt durch derlei direkte Fragen nicht aus der Fassung bringen. Ihr Freund Janek sieht das hingegen anders. Er verschluckte sich an seinem Mohnbrötchen und hustete mit ein wenig Auswurf ein paar Krümel auf den Tisch. Juliane schlug ihm solidarisch auf den Rücken, wendete sich meinem Vater zu und sagte: »Na ja, geht so. Janek hat immer noch Schmerzen, wenn wir miteinander schlafen.«

Janek riss die Augen auf, sagte jedoch nichts.

Mein Vater nickte, in Gedanken versunken. »Pflegt ihr denn irgendwelche Praktiken, die den Schmerz verursachen könnten?«

»Nein«, meine Schwester schüttelte den Kopf. Janek stellte das Atmen ein und suchte den Boden verzweifelt nach einem Loch ab, in dem er versinken konnte.

»So kann ich natürlich keine fundierte Diagnose stellen.« Mein Vater lächelte generös in Janeks Richtung. »Aber ich glaube, der Zipfel muss ab.«

»Zipfel?« Janek sah zum ersten Mal auf und in das blutrünstige Gesicht meines Vaters. »Welcher Zipfel?«

»Na, dein Polackenzipfel.«

Meine Mutter kicherte. »Fritz, das ist lustig! Noch lustiger als bei Loriot!«

Mein Vater, angefeuert von Mutters Beifall, stand auf und gab Janek einen Wink. »Na los. Hose runter und auf zum EKG.«

Janek ließ nicht die Hose, sondern die Kinnlade fallen.

Ich schaltete mich ein. »Ein EKG bei einer Vorhautverengung? Also, ich hab ja keine Ahnung, aber …«

»Eierkontrollgriff«, gluckste mein Vater ganz in der Tradition des guten Altherrenwitzes.

»Och Papa«, intervenierte Anne, die Jüngste, die bis zu diesem Zeitpunkt überraschend still geblieben war, »geht dafür wenigstens vor die Tür. Ist ja eklig, beim Frühstück.«

»Okay.« Mein Vater verließ beschwingten Schrittes die Küche.

Janek sah verzweifelt zu seiner Freundin, dann zum Türrahmen, in dem mein Vater verschwunden war, dann wieder zu Juliane. »Das ist nicht dein Ernst«, keuchte er.

»Schatz, irgendjemand muss sich das mal angucken! Und tröste dich, so bleibt es wenigstens in der Familie. Denn SO kann das ja wirklich nicht bleiben.«

Sprach's und gab ihm einen kleinen Schubs.

Janek, geschockt und gleichzeitig unfähig, sich über die familiäre Übermacht zu wehren, trottete mit hängendem Kopf aus der Küche wie ein friedfertiges Lämmchen zur Schlachtbank. Eine halbe Minute später kamen Arzt und Patient zurück an den Tisch.

»Eindeutig: Der Zipfel muss ab. Ein viel zu enges Präputium. Als behandelnder Arzt schlage ich eine Zirkumzision vor.«

»Papa – geht das auch in Deutsch?«, fragte Juliane naturwissenschaftlich interessiert und schmierte sich eine große Ladung Nutella auf ihr Croissant.

Mein Vater stöhnte auf und streckte, geschlagen von so wenig humanistischer Bildung, die Hände gen Himmel. »Wenn doch nur einer von euch Latein beherrschte!«, fluchte er in grammatikalisch einwandfreiem Konjunktiv II und ließ sich dann von seinem Palast der Weisheit zu uns hernieder. »Präputium, griechisch *pósthe*, bezeichnet die Haut am Penis, die hinter die Eichel zurückgezogen werden kann. Zirkumzision, von lateinisch *circumcidere*, das heißt ringsherum abschneiden, ist die teilweise oder vollständige Entfernung der männlichen Vorhaut. Schnipp, schnapp, Polackenzipfel ab.«

Stolz und lächelnd sah mein Vater in die Runde. In diesem Moment fiel Janek beinahe in Ohnmacht. Mit weiß hervortretenden Knöcheln krallte er sich an der Tischplatte fest.

»Oh«, war alles, was meine Schwester dazu beizutragen hatte. Die restlichen Anwesenden hielten allesamt die Klappe, um keine Szene in diesem fantastischen Schauspiel zu verpassen.

Da plötzlich schien Juliane etwas einzufallen. »Wie lange werden wir dann keinen Sex haben können?«

Janek stöhnte auf. Meine Mutter schenkte ihm mitfühlend eine weitere Tasse Kaffee ein.

»Na ja, nicht lange. Sechs bis acht Wochen? Aber danach wird es besser, glaub mir.«

Jetzt war es an meiner Schwester, fast die Augen aus dem Kopf fallen zu lassen. »Sechs Wochen? Vergiss es!«

Mein Vater schmunzelte. »Bei guter Pflege kannst du es schon wieder probieren, wenn die Fäden gezogen wurden.«

Janeks Gesichtsfarbe wechselte von aschfahl zu gipsweiß.

»Werden Sie die Be…, Beschnei…, ich, äh, ich meine Behandlung selbst durchführen?!«

»Nein, nein«, winkte mein Vater ab. »Das sollte ein Phimoseningenieur machen. Also ein Chirurg. Jemand, der sich mit den Zipfeln auskennt. Und jetzt lassen wir mal das alberne Sie, immerhin habe ich gerade deinen Zipfel gesehen. Ich bin der Fritz.«

Und dann lachte er wieder, und Janek schwieg, während meine Mutter von den Vorzügen beschnittener Penisse schwärmte (»Die können viel länger!«), meinem Vater bewundernde Blicke zuwarf und Juliane hingebungsvoll die Spitze ihres Croissants abbiss.

9. Zipfeltreffen

Drei Wochen später saßen wir in ähnlicher Konstellation wieder am Frühstückstisch zusammen. Janek hatte seine Beschneidung erfolgreich hinter sich gebracht, und nun wollte das geneigte Publikum die Erfolge der harten Arbeit einfahren. Wir lechzten nach einer blutrünstigen Story.

»Nun, Janek, erzähl doch mal«, begann mein Vater unvermittelt die Unterhaltung, »wie war's bei der Zirkumzision?«

»Öhm, ja«, stammelte Janek, sichtlich nervös ob der plötzlichen Aufmerksamkeit. Die Blicke ruhten auf ihm. Vorsichtig begann er zu erzählen.

»Also ehrlich gesagt ... ziemlich furchtbar.«

Meine Mutter nickte verständnisvoll und bot Janek ein Würstchen an. Mit zusammengekniffenen Augen lehnte er ab. Die Wurstplatte ging an meinen Vater weiter, der sich einen halben Ring Gelbwurst auf den Teller legte und genüsslich damit begann, die Haut abzuziehen.

»Wieso? Was war? Das bisschen Vorhaut! Komm, sei ein Mann!«

»Na ja, also ich ... ich kam in das Behandlungszimmer«, stotterte Janek, ohne die Wurst in den Händen meines Vaters aus den Augen zu lassen, »und da waren total viele Leute. Und Frauen.«

»OP-Schwestern«, half mein Vater aus.

»Ja, genau, und dann kam der Arzt«, sprach Janek weiter und bekam hektische Flecken auf den Wangen, »und hat mir die Hand gegeben. Und eine Sekunde später hat die Schwester einen riesigen Batzen Eis auf mein … auf mein … Ding …«

Mein Vater war behilflich: »Deinen Penis.«

Janek stammelte weiter: »Ja, genau, meinen Penis gehauen, dass ich dachte, ich sterbe.«

»Ha, eine Schwester Rabiata«, sagte mein Vater sichtlich amüsiert von der Geschichte, »dabei war das noch der angenehme Teil, möchte ich meinen.«

»Kann man so sagen …« Janek räusperte sich. »Danach kam der Arzt mit einer Spritze, ich schwöre, die war so lang wie mein Unterarm. Und die hat er mir dann unter die … Eichel gejagt. Aber nicht nur so ein Stück, nein, nein, sondern ganz bis zum Anschlag. Ich glaube, das war das schlimmste Gefühl, dass ich jemals hatte.«

Mein Vater lächelte immer noch versonnen, die weibliche Hörerschaft verzog mitfühlend das Gesicht.

Janek, sich der Aufmerksamkeit aller nun absolut sicher, ließ die Bombe platzen.

»Seitdem ist es gut verheilt. Auch die Fäden sind schon gezogen worden. Und es wäre ja auch alles in Ordnung, wenn SIE«, dabei zeigte er anklagend mit seiner Messerspitze in Richtung meiner Schwester, »nicht unbedingt schon Sex haben wollte!«

Totenstille am Tisch. Das Auditorium schlug sich im Geiste die Hände vor den Mund.

»Oh.« Mein Vater ließ die Gelbwurst sinken. »Das ist ja ärgerlich. Jule, haben wir darüber nicht gesprochen?«

Juliane lief tomatenrot an und keifte: »Du hast aber gesagt, dass ich bei guter Pflege schon früher wieder darf! Und wenn du nicht gesagt hättest, dass der Zipfel ab muss, wäre ich nicht so maßlos untervögelt, dass wir uns dauernd streiten!«

Beleidigt verschränkte meine Schwester die Arme vor ihrer unberührten Brust. Janek sank wieder in sich zusammen.

Mein Vater seufzte tief. »Kinder, Kinder. Sex ist doch nicht immer nur Penetration! Dass ihr mich auch immer falsch verstehen müsst. Seid doch mal kreativ. Eure Mutter und ich, wir haben fantastischen Sex, selbst wenn es nicht zur Penetration kommt. Wisst ihr, mit einem männlichen und einem weiblichen Geschlechtsorgan, da kann man noch so viel mehr anstellen als immer nur rein-raus, rein-raus ...«

An das Ende des Vortrags kann ich mich leider nicht erinnern, denn nur kurze Zeit später widmete sich mein Vater konzentriert seinem Frühstücksei. Dass er in diesem Moment aller Augen auf sich zog, mag vor allem daran gelegen haben, dass er sich dabei eines kleinen silbernen Küchenutensils bediente, das man wie eine Schere greift und das wir im Familienjargon »Peniskralle« nennen.

»Also, Janek, jetzt schau mal her, so eine Beschneidung ist wirklich keine große Sache«, sagte Papa und legte den Metallring des Eierköpfers um das Ei. »Das ist mit dem Köpfen dieses Eies hier vergleichbar. Der Chirurg setzt das Messerchen an und ...« Papa sah Janek wie zur Bekräftigung einmal tief in die Augen. »... drückt einmal zu.« Mit einem schnarrenden Geräusch drehten sich die beiden sägezahnbewehrten Ringe gegeneinander, die Schale knackte vernehmlich. »Und zieht ein wenig daran – und tada, schon ist das Häubchen ab! Wirklich nicht der Rede wert!«

Mein Vater hielt die Hand mit dem Eierköpfer in die Höhe. Janek starrte sprachlos auf das ausgefranste geköpfte Ei, während meine Mutter leise zu summen begann: »*Strumming my pain with his fingers …*«

10. Doktorspiele

»Freu dich doch«, sagte Meike, meine gute Freundin aus Kindertagen, als ich ihr wieder einmal mein Leid über meinen ständig über Sex, vorzugsweise den eigenen, sprechenden Vater klagte. »Immerhin haben sie noch Sex! Das können nicht viele über ihre Eltern behaupten.«

»Aber müssen sie ständig darüber reden?«, stöhnte ich.

Wenn die eigenen Eltern, oder zumindest fünfzig Prozent davon, Ärzte sind, wird man in der Regel nicht aufgeklärt. Man IST es einfach. Ich erinnere mich an einen Tag in meinem Leben, da wurde ich früher aus dem Kindergarten nach Hause geschickt, weil ich, auf einem wackligen Holzstühlchen stehend, der Eichhörnchengruppe frei heraus verkündete, dass das mit den Bienchen und den Blümchen eine perfide Propaganda sei, der man keinen Glauben schenken dürfe. Kinder brächte nicht der Storch, Kinder entstünden, wenn der Papa und die Mama abends die Tür zum Schlafzimmer abschlössen und dann der Papa etwas in die Mama reinstecke und die Mama daraufhin schwanger würde. Die Eichhörnchengruppe fing daraufhin zu weinen an, und ich hatte meinen Ruf als Oswalt Kolle des Katholischen Kindergartens im Ort weg.

Mit der katholischen Kirche hatte ich ohnehin ziemlich oft Ärger. Als in vielerlei Hinsicht aufgeklärtes Kind habe ich im Kommunionsunterricht den Pastor nicht nur einmal in den Wahnsinn getrieben. Auch dort legte ich einwandfrei dar, dass die Sache mit der unbefleckten Empfängnis wohl eindeutig dem Bereich der Mythen und Märchen zuzuordnen sei, genau wie die Sache mit dem Über-das-Wasser-Laufen – eine physikalisch betrachtet wirklich abenteuerliche Geschichte.

»Aber«, fuhr Meike fort, »du wirst doch nicht etwa zu den Kindern gehören, die denken, dass ihre Eltern in ihrem Leben nur dreimal Sex hatten?«

Nein, das dachte ich nicht. Das dachte ich nie! Das war vollkommen unmöglich zu denken, so oft, wie sie darüber sprachen.

»Also die Mama und ich …« – so fangen in der Regel die Sätze meines Vaters an, die damit enden, dass er meiner Mutter zärtlich eine Hand auf den Oberschenkel legt und meine Mutter verschmitzt zu grinsen anfängt.

Das ist zu viel. Zu viel für ein Kind, meine ich. Ich wurde schon immer gefordert, und grundsätzlich finde ich das gut, aber mit meinen Eltern über Sex, vor allem über IHREN Sex zu reden, das finde ich moralisch irgendwie … problematisch.

Mein erstes bewusst wahrgenommenes Gespräch über meine eigene Sexualität wurde mir an einem Sonntagabend auf den Abendbrottisch gelegt. Zwischen Gewürzgurken und Käseplatte, Laugenbrezeln und Tomatenschnitzen sagte meine kleine Schwester, damals knapp zehnjährig, plötzlich: »Papa, was ist eigentlich ein Orgasmus?«

»Eine interessante Frage«, sagte mein Vater in bester Oberlehrermanier. »Das erklärt euch am besten die Caro.«

Das war mein Name. Und er war im Zusammenhang mit dem Wort Orgasmus gefallen. Verstehen Sie mich nicht falsch, ich habe kein Problem, über Sex zu sprechen, immerhin schreibe ich gerade darüber, aber mit vierzehn gibt es Dinge, und derlei nicht zu knapp, die man mit jedem Menschen auf der Welt außer seiner eigenen Familie besprechen will.

»Äh … öhm … püh.« Ich saß in der Falle.

»Nu komm schon, Caro«, sagte mein Vater, »du wirst ja wohl wissen, was ein Orgasmus ist!«

Ich betrachtete eingehend das Salzmosaik auf meiner Brezel.

Mein Vater roch Lunte. »Du willst mir jetzt aber nicht sagen, dass du noch nie einen hattest!«

Was erwartete mein Vater von mir? Ich war vierzehn, ich wog zu viel, ich hatte eine Frisur, für die meine damalige Friseuse heute vor dem Kriegsverbrechertribunal in Den Haag landen würde, in meinem Gesicht sprossen die Pickel, und grade erst letzten Freitag hatte ich erfahren, dass ich zu allem Überfluss auch noch eine feste Zahnspange bekommen sollte! Ich war von einem Orgasmus so weit weg wie Take That von der Wiedervereinigung. Ich war bislang nicht mal in die Nähe eines Orgasmus gekommen, geschweige denn in die Nähe von Sex, von ein paar verschämten Runden Flaschendrehen und feuchten Küssen auf pickelüberladene Jungenwangen mal abgesehen.

»Caro, Caro, Caro«, sagte mein Vater und schüttelte den Kopf. »Du solltest unbedingt mit der Selbstbefriedigung anfangen!«

Da war er. Der bis dato peinlichste Moment in meinem Leben. Ich schwor mir, mich noch am selben Tag zur Adoption freigeben zu lassen. Bei einer Familie, die am Abendbrottisch nicht über Selbstbefriedigung sprach, da wollte ich leben!

»Selbstbefriedigung ist wichtig«, fuhr mein Vater fort, »damit man später mehr Spaß an der eigenen Sexualität hat. Ich habe mich schon sehr früh selbst befriedigt«, sagte er nachdenklich, mit einem kleinen Lächeln auf den Lippen. »Und es hat mir beileibe nicht geschadet.«

Doch, hat es, wollte ich rufen, aber ich schwieg und stopfte mir die untere Brezelhälfte auf einmal in den Mund.

»Wie befriedigt man sich selbst?«, fragte nun Juliane, die neugierig geworden war.

Ich sah meine Schwester an. Wieder einmal bestätigte sich die These, dass Schwestern bis zu ihrem achtzehnten Lebensjahr in Isolationshaft gehörten. Absolut und ohne Ausnahme.

Später musste ich meinem Vater dann leider recht geben. Frühzeitig mit seiner Brut über Sex zu reden war tatsächlich die bessere Idee als der Versuch, seinen adoleszenten Kindern weiszumachen, dass Selbstbefriedigung zu spontanen Erblindung oder zu einem One-Way-Ticket ins Fegefeuer führt und am besten mit einer kohlenhydratarmen Diät behandelt wird.

Trotzdem wusste ich die gut gemeinten Ratschläge meines Vaters erst viel, viel später zu schätzen.

Als ich meinen ersten Freund hatte und wir unsere Zeit vorrangig im Liegen, auf- und untereinander, ineinander verschlungen und begierig das *Handbuch des Kamasutras* durcharbeitend, verbrachten, bekam ich auch meine erste Blasenentzündung. Allerdings brachte ich die Tatsache, dass mein Freund und ich uns hauptsächlich für unsere Geschlechtsorgane interessierten, und den Umstand, dass ich beim Toilettengang seit Neustem höllische Schmerzen hatte, nicht zusammen.

»Der wichtigste Rat, den ich dir in Bezug auf Sexualität geben kann, ist folgender«, sagte mein Vater weise und autoritär, als ich ihn aufgrund der nicht wegzudiskutierenden Blasenerkrankung aufsuchte, und ich war zum ersten Mal gespannt, was jetzt kommen würde. »Nach dem Sex immer Pinkeln! Für euch Frauen ist das sehr wichtig, denn sonst bleiben die ganzen Keime und Erreger drin, die dir dein Freund über seinen Penis ins Haus schleppt.«

Das war ja ein – toller Rat. Damit würde ich bestimmt die Dr.-Sommer-Seite in der Bravo revolutionieren. Und was würden meine Altersgenossen erst sagen, wenn ich mit dieser bombastischen Neuigkeit an die Öffentlichkeit treten würde?

Ich war enttäuscht. Der wichtigste Ratschlag meines Vaters war, ich solle regelmäßig aufs Klo gehen. Und mich selbst befriedigen. Wenn das nicht unsexy war, wusste ich auch nicht.

Sosehr ich die Tatsache, dass mein Vater gern in schillernden Farben über Sex, Geschlechtskrankheiten und sein eigenes Liebesleben sprach, in meiner Pubertät verdammt hatte, sosehr profitierte meine Schwester davon. Die war mit fünfundzwanzig zum ersten Mal beim Frauenarzt, nahm zu diesem Zeitpunkt aber schon seit acht Jahren die Pille. Papa macht's möglich. Auch das jährliche Abtasten der Brust übernahm mein Vater gern beim Mittagessen. »Papa, ist das ein Knoten?«, war der gerngesehene Aufhänger, um einfach mal schonungslos die Hüllen fallen zu lassen.

Anscheinend war ich die Einzige, die sich mit der Freizügigkeit meiner Familie nicht immer wohlfühlte. Von meinen mitpubertierenden Freundinnen mal abgesehen, die scharlachrot anliefen, wenn mein Vater im eng anliegenden Slip ins Wohnzimmer marschierte und in die illustre Runde fragte: »Und wer geht jetzt mit saunieren?«

In einem Sommer schockierte mich mein Vater aber ganz besonders. Ich war vielleicht fünfzehn und wurde von meinen Eltern zu einer Radwanderung an der Donau verdonnert. »Wir fahren mit dem Flusslauf, es geht also nur bergab«, hatte mein Vater versprochen, und ich war naiv genug gewesen, um ihm zu glauben. Denn am ersten Tag offenbarte sich, dass wir zunächst einmal zur Quelle der Donau fahren mussten, und Flussquellen liegen bekanntlich in den Bergen. Und als ob das nicht schlimm genug gewesen wäre, wurden meine beiden kleinen Schwestern fast die ganze Strecke über von Papa und Mama geschoben, ich hingegen musste mit drei Gängen gucken, wo ich blieb.

Ein paar Tage später, die Berge lagen glücklicherweise hinter uns, und es ging wirklich nur noch bergab, kamen wir an eine seichte Stelle der Donau.

»Hier versickert die Donau fast ganz, um ein paar Meter weiter wieder aus dem Erdreich zu sprudeln, ist das nicht verrückt?«, begeisterte sich mein Vater und riss sich in seiner blinden Euphorie die Kleider vom Leib. »Ich geh schwimmen, wer noch?«

Und ehe ich es mich versah, waren auch meine Schwestern nackt und sprangen neben meinem entblößten Vater in die versickernden Fluten. Die vorbeifahrenden Radfahrer schauten belustigt, ich hörte sogar einige Pfiffe. Ich steckte mitten in der Pubertät und schämte mich so sehr, dass ich mir wünschte, wie die Donau im matschigen Sand zu versinken und erst tausend Kilometer weiter in Budapest oder noch besser erst am Schwarzen Meer wieder aufzutauchen. Bei meiner neuen Familie.

Allein in meinen Freundinnen fand ich Verbündete. Es kam immer wieder vor, dass sie, wenn sie sich die Pille danach in der Notdienstzentrale besorgen mussten, weil die altbewährte Verhütungsmethode Koitus interruptus mal wieder nicht geklappt hatte, sie vergessen hatten, die Pille zu nehmen oder das Kondom falsch herum aufgestülpt worden war, zuerst mich anriefen.

»Hat dein Vater Dienst?«

»Ja. Wieso?«

»Scheiße, dann wart ich lieber noch bis morgen. Ich brauch die Pille danach, aber das ist mir so peinlich, wenn ich da deinen Alten treffe.«

Und auch meinem Vater war das rege Sexual-, aber mangelhafte Verhütungsverhalten meiner Freundinnen aufgefallen. »Sag der Sabine mal, sie soll sich eine Spirale einsetzen lassen. Kann ja irgendwie nicht sein, dass ausgerechnet bei ihr immer das Kondom verrutscht, oder?«

Doch das alles war nichts im Vergleich zu dem, was mir mein Vater antat, als ich, gerade volljährig geworden, mit einer mittelschweren Nierenbeckenentzündung (das Resultat einer nicht erkannten bzw. nicht gemeldeten Blasenentzündung bei fortlaufendem Geschlechtsverkehr) zu ihm kam und um ein Rezept für ein Antibiotikum bat. Ich hatte erst wenige Jahre zuvor verstanden, dass mein Vater scherzte, wenn er mir empfahl, ich solle nicht zu viel Anti*beauty*kum futtern, da das nicht unbedingt erwünschte Nebenwirkungen (Hässlichkeit) habe, deren langfristige Folgen der Wissenschaft noch nicht bekannt seien. Von derlei altherrlichen Doktorenwitzen geschlagen, war selbst mir als zwar medizinisch Grundausgebildete, aber nicht promovierte Ärztin klar, dass ich mit Hausmittelchen wie Blasen- und Nierentee bei dieser Angelegenheit nicht mehr weiterkam. Also stiefelte ich an einem Samstagvormittag die Treppe hinunter in die Praxis, wo mein Vater gerade über der Steuererklärung brütete.

»Hallo Papa«, begrüßte ich ihn und präsentierte ihm meine beste schmerzverzerrte Miene. Leiden-Faktor: hoch. »Die Blasenentzündung ist jetzt in die Niere gewandert, ich pinkle Blut und habe irre Schmerzen im Rücken – verschreib mir was.«

Mittlerweile wusste ich, dass ein bisschen Jammern und Stöhnen nichts brachte. Wollte ich, dass mir geholfen wurde, musste ich mit knallharten Fakten, am besten einer Diagnose aufwarten, um das Interesse meines Vaters – und sei es nur für meine lächerliche Lappalie – zu wecken.

»Nierenbeckenentzündung, soso.« Mein Vater nickte. »Vielleicht aber auch die Vögelgrippe. Wieder mal fliegender Bettenwechsel?«

»Papa!«

Ich hasste es, wenn er sich in mein Liebesleben einmischte. Ich wollte nur ein Antibiotikum, mehr nicht, keine kostenlose Sexualberatung und bitte auch keinen Kommentar zur amourösen Umtriebigkeit meiner selbst!

»Ja, ja.« Er kicherte und zückte seinen Rezeptblock. Dann kritzelte er etwas darauf, griff nach dem Stempel und setzte sein Autogramm darunter. »Macht zehn Euro. Praxisgebühr.«

»Papa!«, rief ich entgeistert. »Ich bin deine Tochter!«

»Und ich dein behandelnder Arzt, also her mit der Kohle.«

Mit zusammengekniffenen Lippen kramte ich nach dem verlangten Sold und lief dann eilig zur Apotheke – soweit ich das in gebückter Haltung konnte. Dort angekommen, händigte ich dem Apotheker meines Vertrauens das Rezept aus.

Der starrte lange darauf.

»Also, ich weiß nicht«, murmelte er schließlich.

Was? Wieso? Was wusste er nicht? Glaubte der mir jetzt etwa auch nicht? Ich war irritiert. Und wollte verdammt noch mal endlich ein Medikament gegen meine schmerzhafte Erkrankung haben!

»Ärzte haben ja selten eine besonders leserliche Handschrift, aber diese hier …« Er stockte.

»Jajaja«, keuchte ich, »ich weiß, der hieroglyphische Eid.«

Ich betete, dass nicht noch mehr dieser schlechten Witze auf mich zukamen, und außerdem musste ich schon wieder aufs Klo!

»Ich weiß wirklich nicht, aber je länger ich das lese …« Wieder brach er unvermittelt ab.

»Ja, was steht denn da drauf? Zeigen Sie mal her!«

Ich grapschte nach dem Zettel, doch der Apotheker zog ihn rechtzeitig, bevor ich ihn in die Hände bekam, zurück.

Dann plötzlich grinste er.

»Doch, ganz eindeutig«, sagte er grinsend. »Ich weiß, was da steht, aber ich bin mir nicht sicher, ob wir das vorrätig haben.«

»Dann bestellen Sie es!«, fluchte ich und verwünschte meinen Vater, den Apotheker und alle anderen Menschen, die auch nur im Entferntesten etwas mit Medizin am Hut hatten.

»Das kann ich nicht bestellen«, gluckste der Apotheker und schob mir nun mit einem sardonischen Lächeln das Rezept über die Theke zurück.

Ich starrte auf das Papier. Fassungslos.

Unter Diagnose entzifferte ich eindeutig »Cystitis«.

Und darunter, als Verordnung, stand: PENISCILLIN.

II. Diagnose

1. Von mir kannst du das nicht haben!

Wenn man meinen Vater fragt, ob er enttäuscht ist, dass keine seiner drei Töchter den Weg in die Medizin gewählt hat, sagt er immer: »Nein, das müssen sie natürlich selbst entscheiden.«

Die Wahrheit ist, dass es ihn verrückt macht, dass wir drei mit unseren Berufen nicht mal in die Nähe einer Arztpraxis kommen. Juliane, die Mittlere, ist Bekleidungstechnikerin und beschäftigt sich hauptberuflich mit Damenunterwäsche – ein Job, für den sie von vielen Männern beneidet wird. Nesthäkchen Anne hat nach zwei Wochen Architekturstudium das Gestalterische an den Nagel gehängt und sich auf das Basteln von Fensterbildern und Tafelmagneten spezialisiert. Sie ist Grundschullehrerin geworden und liebt ihren Job mindestens genauso wie mein Vater die Möglichkeit, irgendwelche spitzen Gegenstände in die Armbeugen unserer Nachbarschaft zu bohren. Ich verdinge mich im schreibenden Gewerbe, auch wenn das in dieser Formulierung ein wenig anzüglich klingt.

Genauso muss es meinem Vater aber auch vorkommen, denn in seiner Welt laufen Filme im Kino, Bücher liegen in der Buchhandlung, und die Vorstellung, dass die Artikel in der Zeitung von echten Menschen mit echtem Einkommen geschrieben werden, muss ihn ganz schön beängstigen. In der Welt meines Vaters gibt es wichtige Berufe (Ärzte), weniger wichtige, aber dennoch akzeptable Berufe (Politiker, Juristen, Lehrer) und überflüssige Berufe (Bekleidungstechniker, Autoren, Architekten). Ein Beruf der dritten Kategorie kann ein Upgrade erfahren, wenn er unverschämt gut bezahlt wird. Daher wurde Juliane direkt nach ihrer Anstellung in einem sehr großen Unternehmen, das jedem Einzelnen seiner achttausend Mitarbeiter an Weihnachten sogar einen Truthahn schenkt, in der familieninternen Nahrungskette upgegradet. Zusammen mit Anne rangiert sie nun im Mittelfeld – das reicht zwar nicht aus, um den Grand Prix zu gewinnen, sichert aber zumindest die Teilnahme im nächsten Jahr.

Mein Beruf gehört zur dritten Kaste *und* sichert nur knapp mein Grundeinkommen. Außerdem schenkt mir niemals jemand einen Truthahn, weder an Weihnachten noch an irgendeinem anderen Tag. Ich habe mir, wohl auch, weil man als Freiberufler ansonsten keine Rechtfertigung hat, diesen Beruf auszuüben, eine politisch sozialdemokratische Ausrichtung mit leichtem Einschlag nach links zugelegt, und spätestens das frustriert meinen Vater, der selbst in einer schlagenden Verbindung war und während der Kohl-Ära nicht wusste, wie er das ganze leicht verdiente Geld auf kürzestem Weg nach Hause schleppen sollte (zum Glück hatte er keinen langen Heimweg). Die wenigen fruchtlosen Diskussionen über das bedingungslose Grundeinkommen oder staatlich geförderte Elternzeit-Programme endeten meist in einem Streit oder der Erkenntnis, dass wir ideologisch auf unterschiedlichen Planeten leben.

»Wie kann es sein, dass du so was denkst?!«, fragt mein Vater dann immer. »Von mir kannst du das nicht haben!«

Ich tröste mich mit der Gewissheit, dass ich es dennoch von ihm habe – wenn auch anders als geplant. Jede Generation verfolgt ihre eigenen Ziele, wobei die Jungen die Ideale der Alten meist einfach ins Gegenteil verkehren. Die heftigsten Hippies erziehen die schlimmsten Streber. Kinder von konservativen Korinthenkackern werden zu nach Erleuchtung suchenden Weltenbummlern, und all die, die in einem Kinderladen ihre Zeit verbrachten, wünschen sich ihr Leben lang mehr Grenzen. Meine linksgerichtete, kreativ-liberale Einstellung ist also, wie so vieles mehr, meiner Erziehung anzulasten, an der mein Vater, zumindest in Teilen, nicht ganz unbeteiligt ist. Deswegen proklamiere ich gern und häufig den Spruch »Ich bin das Produkt meiner Erziehung!«. Vor allem dann, wenn ich nicht mehr weiterweiß. In letzter Konsequenz würde meine Überlegung natürlich bedeuten, dass meine Kinder ein Haufen ätzender Spießer werden, die sich zum zwölften Geburtstag einen Bausparvertrag wünschen und mich für meine mangelhafte Haushaltsführung tadeln. Aber damit beschäftige ich mich dann, wenn es so weit ist.

Mein Vater ist also mit drei aufsässigen, selbstständigen und sozial eingestellten Töchtern gestraft, die nicht im Traum, nicht mal eine Sekunde, nicht mal in der Hypothese der Hypothese in Betracht zogen, Medizin zu studieren. Es gab eine Zeit, da klagte er sein Leid jedem, der es nicht hören wollte. Das war genau nach meinem Abi. Genau genommen hat mein Vater sich bis zum Tag der Abiturzeugnisvergabe nicht die Bohne dafür interessiert, welchen beruflichen Weg ich einmal einschlagen könnte, tat dann aber ganz überrascht, als ich nach neun Jahren Theater-AG, sechs Jahren Chor und drei Jahren Cellounterricht beschloss, Germanistik und Journalistik zu studieren. Bis heute habe ich nicht so richtig verstanden, wie er allen Ernstes jemals denken konnte, dass ich mich für Medizin interessiere. Er hat sich ja auch nie richtig Mühe gegeben, mich für seinen Beruf zu begeistern. Von den halbherzigen Versuchen, mich als OP-Schwester bei geplatzten Augenbrauen zu engagieren mal abgesehen.

Trotzdem lag er mir ab der letzten mündlichen Abiturprüfung unentwegt damit in den Ohren. »Es kann doch nicht sein, dass ihr euch nicht dafür interessiert? Jemand muss doch die Tradition fortführen!«

»Welche Tradition?«, gab ich zu bedenken. »Du bist der erste Arzt in deiner Familie!«

»Papperlapapp«, sagte mein Vater. Das sagt er immer, wenn er weiß, dass ich die besseren Argumente habe. »Du interessierst dich doch für Medizin!«

»Ich?« Wann war ihm denn das aufgefallen? Das hatte ja nicht einmal ich mitgekriegt. Das konnte nur Wunschdenken sein.

»Na, du schaust doch immer diese Serien!«

Heilige Scheiße. Da ließ man sich *einmal* dabei erwischen, dass man *Grey's Anatomy* oder *Emergency Room* oder irgendeine andere amerikanische Serie, die zwar im Krankenhaus spielte, von ihren Fans aber genau genommen nicht wegen des medizinischen Bezugs, sondern der netten zwischenmenschlichen Geschichten angeguckt wurde, und schon hatte man ein Interesse für Medizin!

Neulich hatte ich es mir an einem Mittwochabend mal wieder vor ProSieben bequem gemacht, da war mein Vater ins Wohnzimmer gekommen.

»Was guckst du da?«, hatte er gekräht und mir erklärt, dass er eigentlich gern den Grand Prix der Volksmusik sehen wolle, den er am Samstag aufgezeichnet hatte. Dann fiel sein Blick auf die Mattscheibe. »Ach, du schaust was aus dem Krankenhaus?«

Papa wippte unruhig von einem Bein aufs andere und sah dabei zu, wie sich die TV-Ärzte durch die Innereien eines Unfallopfers wühlten. Ich seufzte tief.

»Magst du dich nicht setzen?«

Er nahm von mir und meinem Angebot keine Notiz, und ich ignorierte ihn nun ebenfalls, denn jetzt rief eine Ärztin im Notfall-OP des Seattle-Grace-Hospital: »Ich krieg die Blutung nicht gestoppt! Ich brauche zwei Einheiten Erythrozyten-Konzentrat und zwei Gramm Fibrinogen!«

Papa wippte weiter von links nach rechts und sprach mehr zu sich selbst als zu mir oder der Chirurgin im Fernsehen: »Da ist doch bestimmt die Milz gerissen.«

Eine Szene später war das Gemetzel vorbei, und Meredith erklärte ihrem McDreamy, dass sie keine feste Beziehung, sondern lediglich eine Freundschaft mit ihm wolle.

Ich war enttäuscht. Papa auch, allerdings aus anderen Gründen.

»Da geht's ja gar nicht um Medizin! Das ist ja genau wie der Vorabenddreck, den ihr immer schaut.«

Bevor ich antworten konnte, wechselte die Szene. Ein Patient mit Dauerschluckauf wurde gezeigt, der sich röchelnd und leidend auf seiner Liege hin- und herrollte und in einem fort (hicksend) stöhnte. Nachdem sich die komplette Krankenhausbelegschaft anständig über ihn lustig gemacht hatte und selbst meinem Vater ein abschätziges »Simulant!« über die Lippen gekrochen, fing der Patient plötzlich zu zucken an. Sofort diagnostizierte der herbeigeeilte Hirnspezialist, dass es sich nur um einen Hirntumor in fortgeschrittenem Stadium handeln könne, der Patient wurde intubiert und drei Minuten später kreischte schon die kleine Säge, mit der die Neurochirurgen einem die Schädeldecke aufflexen.

»So ein Quatsch!«, meckerte mein Vater. »Das würde nie ohne tagelange und eingehende Tests diagnostiziert werden. Mal ganz davon abgesehen, dass es mehr als unwahrscheinlich ist, dass der Schluckauf ein Anzeichen für einen Hirntumor ist!«

»Papa«, versuchte ich ihn zu beruhigen, »das ist eine Fernsehserie.«

»Das ist mir egal! Ihr glaubt das doch, dass das so abläuft, oder? Und dann kommt ihr wieder an und seid beleidigt, weil ich euch nicht gleich zum Röntgen schicke, wenn ihr euch die große Zehe am Bettkasten angehauen habt. Mann, Mann, Mann, womit ihr immer eure Zeit vergeudet!«

Dieser Plural. Der ging mir ja schon seit Jahren auf den Keks. Wenn eine meiner Schwestern oder ich oder meine Mutter, jedenfalls irgendjemand, der der weiblichen Fraktion dieser Familie angehörte, irgendetwas sagte, tat oder meinte, fing mein Vater immer das Pauschalisieren an: »Dass ihr immer so empfindlich sein müsst!«

Wer ihr? Wir alle? Die Frau als solches? Die holde Weiblichkeit in ihrer Gesamtheit? Oder nur wir Frauen vom Wittmann-Clan? Und wieso überhaupt »ihr«? Juliane hatte doch ganz allein das Auto an die Garagenwand gesetzt, wieso waren wir jetzt alle in unserer Gänze unbegabt, ein Auto zu bedienen?

Mich erinnert diese Verallgemeinerung immer an das Krankenschwester-Wir, das von Zeit zu Zeit auch von Landärzten und alteingesessenen Doktores bemüht wird: »Na, wie geht's uns denn heute?« Vielleicht ist das die moderne Variante des veralteten Pluralis Majestatis, des sogenannten Machtplurals, den vor allem absolute Monarchen gern in ihren Volksreden verwendeten, um klarzustellen, dass sie zwar für sich allein entscheiden, aber grundsätzlich im Namen aller sprechen.

Glücklicherweise hat selbst mein Vater irgendwann erkannt, dass er kein absoluter Herrscher ist – jedenfalls kein anerkannter. Trotzdem hat er sich einen eigenen Machtplural ausgedacht. Der nervige Pluralis generalis, den mein Vater so liebt, scheint ein sprachlicher Versuch der Vereinheitlichung aller zu sein, die unglücklicherweise dasselbe Geschlecht teilen. Natürlich als Form der Abgrenzung. Wenn sich mein Vater und meine Mutter in die Haare kriegen und eine seiner Töchter auch nur in Nähe des Schlachtfeldes kommt, schließt er die Diskussion oft mit der pauschalen Feststellung: »Ihr seid doch alle bekloppt.«

Die bis dahin nicht involvierte Tochter ist dann immer erst sprachlos, dann beleidigt und letztendlich hochgradig solidarisch, denn wenn man schon eines Verbrechens (und sei es nur der Dummheit oder des falschen Geschlechts) beschuldigt wird, obwohl man diesmal ausnahmsweise wirklich nichts gemacht hat, dann tut man sich zumindest mit den anderen Angeklagten zusammen und bildet eine Koalition.

Zugegeben, vielleicht hat mein Vater tatsächlich keinen leichten Stand in einem Haushalt mit vier Frauen, und sein Abgrenzungsplural ist die einzige Möglichkeit, die er sieht, um sich wenigstens verbal zur Wehr zu setzen. Gut möglich ist aber auch, dass diese sprachliche Besonderheit auf seine eigene Position im familiären Gefüge verweist: Ihr seid, ich bin. Ihr gegen mich. Alle gegen einen.

Daran knüpft wohl auch das allseits beliebte und von uns Mädchen zu jedem Zeitpunkt frenetisch umjubelte: »Wenn ihr mich nicht hättet …« an. (Und in Gedanken fügen wir stets hinzu: … dann wären wir alle geimpft, bekämen Pflaster und eine medizinische Grundversorgung.)

Die private Zerstreuung mit Arztserien oder einer auf dem Nachttisch liegenden Ausgabe von *Der Medicus* genügte in meinen Augen jedenfalls nicht, um den Beruf des Arztes zu ergreifen. Das wäre ja noch schöner. Demnach müsste ich mich auch bei der Polizei (Kriminalromane) und beim Geheimdienst (Agententhriller) bewerben, weil ich mich mit dieser Materie ebenfalls befasse. Und nur weil ich manchmal in den Ärztezeitschriften geblättert habe, die mein Vater zwar selbst nie gelesen, aber immer auf dem Klo hat liegen lassen, hat sich in mir trotzdem nicht der Wunsch geregt, eiternde Ekzeme, offene Frakturen und Hämorrhoiden-Farmen am Hintern fremder Menschen zu behandeln.

Mein Vater wollte das offensichtlich nicht wahrhaben.

»Schnuppere doch wenigstens mal rein. Ich bin mir sicher, es wird dich interessieren! Und wenn du dann nicht Allgemeinärztin oder Kardiologin oder Chirurgin werden willst, na ja, dann machst du halt Pädiatrie. Du kannst doch so gut mit Kindern.«

»Nein, Papa. Ich kann Kinder nicht ausstehen. Anne kann gut mit Kindern.«

»Dann kann die ja Kinderärztin werden. Und du wirst halt Gynäkologin, mein Gott, und jetzt erzähl mir nicht, dass du nicht gut mit Frauen kannst! Du bist umgeben von tratschenden Weibern, das ist doch genau dein Ding.«

Ich schüttelte den Kopf. »Papa, ich finde die Vorstellung, im Unterleib anderer Frauen rumzuwühlen, nicht sehr verlockend.«

»Dann wirst du eben was anderes. Nur bitte keine Ätherschwester. Und kein Gehirnwartungsexperte.«

Schade. Anästhesie hatte den Vorteil, dass man Patienten weitestgehend nicht anfassen musste und immer über einen ansehnlichen Vorrat an Betäubungsmitteln verfügte. Und Psychiatrie interessierte mich (neben der begrüßenswerten körperlichen Distanz zum Objekt) zumindest insoweit, dass ich mit dem nötigen Fachwissen in der Lage gewesen wäre, herauszufinden, welches Problem *ich* eigentlich hatte.

»Und niemand von der Einlagenmafia.«

Keine Sorge. Orthopädin würde ich nicht einmal werden, wenn es außer Kloputzer und Müllmann auf der Welt keine anderen Berufe mehr gab.

»Du könntest Pathologin werden! Dann kann dir wenigstens niemand mehr widersprechen, und wehtun kannst du den Patienten auch nicht mehr. Und diese Krimisachen interessieren dich doch sowieso. Stell dir doch mal vor, wäre das nicht toll? Meine Tochter, die Gerichtsmedizinerin! Wie bei Tatort! Du wirst spannende Fälle lösen, die Verbrecher mithilfe ihrer DNA überführen, die du den Leichen unter den Fingernägeln rausgekratzt hast – klingt das nicht absolut großartig?«

»Also, äh – nein, tut es nicht. Und ich hab ja auch Bio nur im Grundkurs gehabt und Physik und Chemie ganz abgewählt …«

»Papperlapapp.« Schon wieder. »Das bring ich dir bei. Im Studium habe ich für zwei Kommilitonen die Biochemieklausur geschrieben, da werde ich meine eigene Tochter wohl noch durchs Physikum kriegen!«

»Äh …« Jetzt gingen mir langsam tatsächlich die Argumente aus. Mein Vater wollte meine Klausuren für mich schreiben?!

»Ich mache dir einen Vorschlag.« Zufrieden lehnte er sich auf seinem Stuhl zurück und gestikulierte wie ein ganz großer Politiker bei seiner Antrittsrede. »Probier es ein Semester lang! Ich bezahle alles, Kost und Logis frei.«

»Ehrlich gesagt, davon bin ich sowieso ausgegangen …«

»Ja«, wandte mein Vater ein, »aber ich leg noch dreihundert Euro drauf. Du bewirbst dich für Medizin und studierst wenigstens ein Semester lang – wenn es dann nichts für dich ist, werde ich das Thema nie wieder ansprechen!«

Was für ein unmoralisches Angebot. Sechs Monate Kohle und die Aussicht darauf, nie wieder mit der ollen Medizinkiste belästigt zu werden – wer hätte da nicht Ja gesagt?

2. Die Anonymen Ärztekinder

Ich gebe es zu: Als ich mich bei der Zentralen Studienvergabestelle für Medizin bewarb, spekulierte ich auf die Möglichkeit, aufgrund meines mäßigen Notendurchschnitts direkt im ersten Anlauf abgeschmettert zu werden. In den ersten Wochen nach dem Abitur sah es auch genau danach aus. Meine Zulassung für Germanistik und Journalistik in Göttingen war sicher, nun lag ich in meiner Heimatstadt am Baggersee in der Sonne und wartete darauf, das Ablehnungsschreiben für Medizin zu bekommen und das leidige Thema damit endlich zu beenden.

Das Ende des Sommers kam, und die ZVS hatte sich immer noch nicht bei mir gemeldet. Mit einem süffisanten Lächeln teilte ich meinem Vater mit, dass ich wohl *leider* doch ein wenig zu schlecht für das sicher sehr anspruchsvolle Medizinstudium sei, und sagte ihm auch, dass ich, wenn nicht bis spätestens Mitte September eine Zusage käme, auf Wohnungssuche in Göttingen gehen würde.

Mein Vater knirschte gut vernehmlich mit den Zähnen und zog sich in sein Arbeitszimmer zurück. Drei Tage später trudelte die Zulassung für ein Medizinstudium in Greifswald bei uns ein.

»Was hast du gemacht?«, fragte ich ihn keuchend und auch ein bisschen blass um die Nase, als er mir den bereits geöffneten Brief in die Hand drückte.

»Ich habe meine Kontakte spielen lassen«, triumphierte er, und ich konnte ihm ansehen, wie stolz er auf sich war.

»Hast du wen bestochen?«, fragte ich, die noch nicht einmal wusste, wo Greifswald lag – war das überhaupt noch in Deutschland?

»Ich kenne da wen, der hat gute Kontakte zum medizinischen Lehrstuhl in Greifswald. Der war mir noch einen Gefallen schuldig. Ich gebe zu, der Studienort ist jetzt nicht so attraktiv, aber dann wirst du wenigstens nicht abgelenkt und kannst dich voll und ganz auf deine Karriere als führende Gerichtsmedizinerin Deutschlands konzentrieren!«

Mir fehlten die Worte. Vollkommen baff glotzte ich meinen Vater an. Greifswald. Medizin. In Leichen rumbuddeln!

»Oh – und du musst dich nicht bei mir bedanken, das habe ich gern gemacht«, sagte mein Vater generös und ging beschwingten Schrittes wieder hinunter in seine Praxis.

Ich packte die Koffer und fuhr zur Einführungswoche nach Greifswald. Versprochen ist versprochen und wird auch nicht gebrochen. Mein Vater und ich hatten einen Deal: Sechs Monate sollte ich es probieren. Auch wenn ich fand, dass er nicht unbedingt mit fairen Mitteln gespielt hatte, akzeptierte ich doch seinen dringenden Wunsch, dass ich in seine Fußstapfen treten und die Familientradition weiterführen sollte, und fühlte mich zugegebenermaßen auch ein wenig geschmeichelt, dass er mir ein doch nicht so ganz leichtes Studium wie das der Medizin immerhin intellektuell zutraute. »Wenn du was anderes machen würdest, dann wäre das wie Perlen vor die Säue!«, hatte er einmal zu mir gesagt. Na ja, gut, jetzt, wo ich es niedergeschrieben sehe, wird mir schon klar, dass zwischen der Annahme, die eigene Tochter sei intelligent genug für ein Medizinstudium, und dem Vorwurf, man würde mit einem anderen Studium seine Talente vergeuden, ein nicht unerheblicher Unterschied besteht.

In Greifswald angekommen, mietete ich mir ein Zimmer in einem der top ausgestatteten Studentenwohnheime. Nach Greifswald wollen eben nur wenige Studenten, und so versucht die Uni, Studenten mit attraktiven Unterkünften in ihre unattraktive Stadt zu locken. Und tatsächlich wäre meinen Kommilitonen in den Göttinger Studentenwohnheimen wahrscheinlich schlecht geworden vor Neid.

Doch in einem komfortablen Wohnheim zu leben half mir nicht über das Rumoren in meinem Bauch hinweg, das sich mit Ankunft in der Hansestadt im Osten Deutschlands eingestellt hatte. Ich hatte Angst. In meinen Tagträumen lauschte ich den schlurfenden Schritten der Untoten, die sich mit starrem Blick und verzerrter Fratze langsam auf mich zuschoben. Die Rollen der hinter sich hergezogenen Infusionsständer quietschten, das dunkel verfärbte Blut, das noch vor Kurzem in den bleichen Gebeinen pulsiert hatte, trocknete langsam auf dem traurigen Ockerbraun des Linoleumbodens …

Von meinem Vater wusste ich, was sich hinter der harmlosen Bezeichnung »Präp-Kurs« verbirgt. Ich war darauf vorbereitet, an grauen Leichen herumzuschnippeln, Augäpfel aus tiefen Höhlen zu bergen, Bauchspeicheldrüsen zu extrahieren und gelbe Fettzellen vom Bauchnetz zu puhlen, um sie anschließend unter dem Mikroskop unter die Lupe zu nehmen. Ich kannte all die Geschichten von in Ohnmacht fallenden Studentinnen, erbrechenden Erstsemestern und dem abgebrühten und vor Arroganz strotzenden Lehrpersonal der medizinischen Fakultät, das in einem früheren Leben im schlechtesten Fall Galeerenführer, im besten Fall irgendein römischer Feldherr gewesen war und sich den Habitus über die Jahrhunderte hinweg erhalten hatte.

Irgendwann einmal (lange bevor er versucht hatte, mich für ein Studium zu begeistern) hatte mir mein Vater von seinen ersten Tagen im Studium erzählt, damals, als er im zarten Alter von achtzehn (denn dieser Streber hatte doch tatsächlich eine Klasse übersprungen – wahrscheinlich die zweite, die war am leichtesten ...) nach Homburg/Saar gefahren war, um in die hohe Kunst der Medizin eingewiesen zu werden. Ich erfuhr, dass mein Vater bei der Einführungsveranstaltung, die ein älterer gebückter, aber nicht minder autoritär wirkender Herr in adrettem Dreiteiler und mit silbrig glänzendem Zwickel hielt, neben seinen Kommilitonen in einem dieser typisch medizinischen Vorlesungssäle, die wie ein griechisches Theater gebaut sind und in ihrem Zentrum über einen von allen Plätzen sehr gut einsehbaren Seziertisch verfügen, saß – und bibberte. Der alte Professor hatte gerade einen dreißigminütigen Vortrag über die Halbwertszeit von Erstsemestern der Medizin abgeschlossen, dessen Inhalt vorrangig war, dass er nach dem ersten Semester nur noch ungefähr die Hälfte der hier und heute Anwesenden begrüßen dürfte, drei Semester später, nach dem Physikum, nur noch etwa ein Drittel.

»Das Medizinstudium«, knurrte der alte Professor, »ist kein Studium für Charaktere, die immer den einfachsten Weg gehen wollen. Es erfordert Disziplin, Durchhaltevermögen und Intelligenz. Sie werden über Ihre Grenzen gehen und noch viel weiter. Erst der Schmerz öffnet den Geist, das werden Sie noch früh genug merken.«

Mich persönlich hätte so eine Antrittsrede sofort in die Flucht geschlagen. Aber meine Generation ist auch schrecklich verweichlicht – ach nein, sensibel heißt das ja jetzt. Mein Vater war ein wenig demutsvoller als ich, und außerdem waren es die Siebziger, und irgendwie war mein Vater immer ein Streber und nie cool genug für Schlaghosen gewesen, und deswegen blieb er sitzen, sogar dann, als der alte Professor die erste Reihe der neuen Studenten langsam ablief – in der mein strebsamer Vater Platz genommen hatte.

»Und Sie?«, fragte er sein erstes Opfer. »Was macht Ihr Vater?«

»Äh …«, stammelte der junge Mann blitzgescheit. »Arzt.«

Die Augenbrauen des Alten hüpften anerkennend über dem Zwickel. »Und welche Fachrichtung?«

»Psychiatrie.«

Die Augenbrauen sanken wieder nach unten. Das

Lächeln des Professors verblasste. Bevor er etwas Herablassendes sagen konnte, wandte er sich dem Nächsten zu. »Und Sie?«

»Sachbearbeiter«, flüsterte der Student neben dem Psychiaterkind und senkte demutsvoll den Kopf. »Aber im gehobenen Dienst.«

Der Professor nahm diese jämmerliche Ergänzung mit stoischer Ignoranz zur Kenntnis. Erst der dritte Befragte gab ihm eine zufriedenstellende Antwort auf seine Frage: »Chirurgie. Herz und Gefäße.«

Der Professor lupfte erneut die Augenbrauen, lächelte und wippte einmal kurz auf den Fußballen nach vorn. »Na, das hört sich doch gut an. Ich habe mich selbst der Chirurgie verschrieben, und ich werde Sie im Auge behalten, junger Mann. Und Grüße an den Herrn Vater!«

So ging es einmal die erste, die zweite und auch die dritte Reihe des Hörsaals entlang. Mein Vater saß zwar in der Streberlounge, bekam aber keine Grüße nach Hause bestellt – mit einem piefigen Oberstudienrat als Vater konnte man in Homburg einfach keinen Blumentopf gewinnen.

Am Tag nach meiner Ankunft in Greifswald fand am Abend ein Treffen der Erstsemester für Medizin statt. Die Fakultät lud uns ins Audimax der Universität ein und stellte uns in einer farbenfrohen PowerPoint-Präsentation die Uni, das Studium und die Vorzüge der freiwilligen und selbstkasteienden Tätigkeiten im ASTA oder der Fachschaft vor. Ich rechnete jeden Moment damit, dem alten Professor mit dem Zwickel zu begegnen und mein Sprüchlein aufzusagen, wurde aber vorerst enttäuscht.

Neben mir saß ein Mädchen in meinem Alter, die genau so aussah, wie ich mir das Kind eines Arztes und eine zukünftige Medizinerin immer vorgestellt hatte: Polokrägelchen und Kaschmirpullover, Perlenohrringe und eine Louis-Vuitton-Tasche, in die sie nur ein kleines, in Leder gebundenes Notizblöckchen hineinbekam und vielleicht noch die goldene Kreditkarte der Deutschen Ärzte- und Apothekerbank.

»Hi, ich bin Caro«, stellte ich mich vor und streckte ihr die Hand hin.

Das Mädchen mit dem Perlenohrring musterte mich, meine ausgelatschten Chucks und meine abgegriffene Umhängetasche skeptisch, dann griff sie mit lascher, kalter Hand nach meiner und schüttelte sie. »Annabelle.«

Okay, das war also Annabelle. Ihr Vater war bestimmt der führende Neurochirurg in Deutschland, womöglich sogar weltweit, so wie sie hier auftrat. Da es nicht so aussah, als würden wir uns beim nächsten Mal, wenn wir uns trafen, vor lauter Wiedersehensfreude und unter Tränen in die Arme fallen, wandte ich mich nach rechts.

Das sah schon besser aus. Neben mir saß ein junger Typ mit zugegeben für meinen Geschmack etwas zu gestriegeltem Haar, aber immerhin trug er keine Segelschuhe und sah auch sonst eher nach der unordentlichen Sorte aus.

Er lächelte mich an. »Constantin.«

»Äh, hi, ich bin Caro«, sagte ich. »Seid ihr auch Erstis?«

In der Retrospektive wirkt dieser Satz noch dämlicher, als er in dem Augenblick bei meinen neuen Ärztefreunden Annabelle und Constantin rüberkam.

»Äh – ja?«, gab Annabelle zurück und zog die Augenbrauen hoch. Sie musste die Urenkelin des alten Professors sein.

»Und«, versuchte ich das schleppende Gespräch am Laufen zu halten, »sind eure Eltern auch Ärzte?«

»Psychiatrie und Onkologie«, antwortete Annabelle gelangweilt.

Pffhh, dachte ich. Lächerlich.

»Kardiologie und Ästhetische Chirurgie«, sagte Constantin, und ich sah, dass Annabelle zumindest auf Letzteres mit einem breiten Lächeln reagierte. Ich konnte nur schwer an mich halten, nicht seinen werten Herrn Vater von mir grüßen zu lassen.

»Und du?« Annabelle sah mich abschätzend an.

»Allgemeinmedizin. Und meine Mutter ist Physiotherapeutin.«

Jetzt verzogen beide ihr Gesicht.

»Ach so«, sagte Constantin und drehte sich von mir weg nach vorn.

Ach so? Was hieß denn hier bitte »Ach so«? Offensichtlich hatte ich ja noch Glück, dass mein Vater ÜBERHAUPT Arzt war – nur mit aufkeimendem Entsetzen konnte ich mir vorstellen, wie es hier jemandem erging, dessen Vater Ingenieur war … oder Sozialpädagoge … oder – *dio mio!* – Schlosser! Gab es um mich herum nur Ärztekinder? Ohne Ausnahme?

Und: Waren sie freiwillig hier? Oder hatten ihre Väter genau wie der meine mit dreihundert Euro und der Familienehre gewunken, und die unmündigen Ärztekindlein hatten sich der autoritären Übermacht gebeugt und waren hierhergekommen?

In der Pause der Einführungsveranstaltung seilte ich mich von Constantin und Annabelle, sehr zu ihrem Wohlgefallen, ab und machte mich auf die Suche nach meinesgleichen. In der Raucherecke auf dem Campus wurde ich fündig.

»Hi, ich bin Caro«, stellte ich mich vor und kam direkt zur Sache. »Ich mache hier grade eine statistische Erhebung. Seid ihr alle Arztkinder?«

Die meisten nickten. Also eigentlich alle. Erschreckend. Es stellte sich heraus, dass fast jeder der hier Anwesenden über seine Eltern einen direkten Bezug zur Medizin hatte, selbst wenn, wie bei einem der Befragten, die Eltern »nur« OP-Helfer waren, was von den anderen mit einem nachsichtigen Lächeln kommentiert wurde. Du bist schon mal raus, Kumpel, dachte ich mir. Schön doof, das hier zuzugeben.

Nur ein Mädchen, Denise, eine große Brünette mit Stupsnase und einem Meer von Sommersprossen im Gesicht, sagte: »Ne, meine Eltern sind Lehrer – aber seien wir ehrlich, wer will schon freiwillig Lehrer werden?«

Das Gespräch mit den Ärztekollegen vertiefte sich, und ich lenkte die Fragen auf die Kindheit. Die Tochter eines Dermatologen sagte mit genervt rollenden Augen: »Dermatologin werde ich aber ganz sicher nicht. Mein Vater ist besessen von Salben! Der schmiert überall eine Salbe drauf. Selbst bei Kopfschmerzen kriege ich keine Tabletten, sondern diesen ekligen Tigerbalsam!«

»Frag mich mal«, sagte ein großer Junge mit stacheligem Kurzhaarschnitt und einem College-T-Shirt an. »Mein Vater ist Chirurg. Er sagt immer, dass eine Wunde nur als echte Verletzung gilt, wenn sie mit mindestens zehn Stichen genäht werden muss. Krank ist man dann, wenn man im Koma liegt. Alles davor sind lächerliche Vorstufen. Ich habe ewig gebraucht, um zu kapieren, dass nicht alle Kinder zu Hause mit einem Herz-Lungen-Modell spielen.«

Da schaltete sich ein anderer ein: »Mein Vater ist Orthopäde. Früher hing in meinem Kinderzimmer ein Mobile aus künstlichen Kniegelenken und Bandscheiben. Ich hab mir mal den Arm gebrochen, aber das wurde erst eine Woche später erkannt. Ich konnte sagen, was ich will, mein Vater fand es übertrieben, ein Röntgenbild zu machen. Erst als der Arm blau anlief, da hat er mich dann ins Krankenhaus gebracht. Aber nicht in das, in dem er arbeitet. Ist ja klar.«

Noch am selben Nachmittag marschierte ich ins Immatrikulationsamt und füllte den Bogen zur sofortigen Exmatrikulation aus, fuhr ins Studentenheim, packte meine Koffer und fuhr nach Göttingen. Meinem Vater schrieb ich eine lange, entschuldigende Mail, in der ich ihm erklärte, dass ein Medizinstudium mit meinen moralischen und ethischen Grundsätzen leider nicht vereinbar sei. Ich legte ihm ausführlich und vollkommen sachlich dar, welche Risiken und Nebenwirkungen ein Medizinstudium auf das eigene Wohlergehen, das Familienleben und die Erziehung der Kinder habe und dass ich mich am Ende des Tages lieber für arm, aber sexy statt für reich, aber Arschloch entscheiden würde. Also schön, ich habe das wahrscheinlich anders ausgedrückt, aber die Botschaft kam rüber. Zum Schluss gab ich ihm jedoch den Rat, sein sehr attraktives Studienangebot an eine meiner Schwestern weiterzugeben, die seien ohnehin ein bisschen weniger widerborstig als ich und außerdem viel besser im Auswendiglernen.

Daraufhin hat mein Vater drei Monate nichts von sich hören lassen. Als wir uns an Weihnachten wiedersahen, war er geknickt, hatte aber zumindest eingesehen, dass mein Studium in Göttingen mich wirklich richtig glücklich machte. Direkt im ersten Semester wurde ich Fachschaftsmitglied, reorganisierte die Hochschulzeitung und verbrachte die meiste Zeit meines Studentenlebens damit, in verrauchten Kneipen bei billigem Weißwein über das Verschwinden des Subjekts zu philosophieren, um nach dem letzten Glas festzustellen, dass Ich ein anderer sein muss. Der einzige Bezug, den ich zur Medizin pflegte, war das regelmäßige Einnehmen meiner »Prämedikation«, im Volksmund auch »Vorglühen« genannt. Und manchmal sah ich mir ein paar Folgen *Emergency Room* im Fernsehen an. Einen Fuß nach Greifswald habe ich nie wieder gesetzt.

Erst Jahre später habe ich über Facebook wieder Kontakt zu Denise gehabt, dem Lehrerkind, das ich an meinem ersten Tag des kürzesten Medizinstudiums aller Zeiten kennengelernt hatte. Auf meine

Frage, ob sie tatsächlich Ärztin geworden sei, schrieb sie: »Gott bewahre! Nach dem Physikum habe ich umgesattelt. War mir zu krass, die Präp-Kurse, das nächtelange Büffeln und nicht zuletzt die Sache mit den Patienten – ich finde es eklig, wenn ich fremde Menschen anfassen muss. In meinem jetzigen Job ist das zum Glück anders. Wenn ich die Schüler anfasse, werde ich verklagt. Das finde ich super. Ich bin jetzt Lehrerin. Bio und Physik, Gymnasium.«

Ob Denise als Physiklehrerin in der Lage ist, die durchschnittliche Fallgeschwindigkeit und die kinetische Energie eines nicht weit vom Stamm fallenden Apfels zu berechnen?

3. Reine Kopfsache

Obwohl ich ein geisteswissenschaftliches Studium dem der Medizin vorzog, habe ich meine gesamte Studienzeit über meinen Kommilitonen ärztliche Ratschläge, Medikamentenempfehlungen und wertvolle Tipps aus der Kategorie Ärztekind gegeben.

»Ich hab so schlimme Rückenschmerzen, weißt du, was ich da machen kann?«

»Ja. Beweg dich mehr.«

»Ich hab Kopfschmerzen, und mir ist schlecht, was soll ich dagegen nehmen?«

»Nichts, hör einfach auf, dich jeden zweiten Abend mit billigem Weißwein vollaufen zu lassen.«

»Mein Immunsystem ist am Arsch, ich bin so schlapp und habe keine Motivation! Ich glaube, ich habe einen Burn-out.«

»Du? Wovon denn? Um ein Burn-out-Syndrom zu bekommen, muss man arbeiten, und du arbeitest nur, wenn man dich mit vorgehaltener Waffe bedroht. Also heul nicht rum, sondern komm in die Gänge, sonst wird das mit deinem Abschluss nie was!«

Im zweiten Semester fuhr mich eine Kommilitonin, die mich wegen einer harmlosen Seitenstrangangina kontaktierte, an: »Deine Kommentare sind so überflüssig wie die Studiengebühren! Wenn ich schlaue Ratschläge brauche, kann ich auch zu einem richtigen Arzt gehen.«

Da war es. Der absolute Beweis, dass ich ein Arztkind war. Mit jedem Kilometer, den ich von meinem Heimatort zu meinem Studienplatz in Göttingen zurückgelegt hatte, kam ich meinem Vater anscheinend näher. Je vehementer ich versuchte, dem elterlichen Klammergriff zu entkommen, desto gewissenhafter verwandelte ich mich in das Spiegelbild, die logische Konsequenz, den außerkörperlichen Wurmfortsatz meines Vaters.

Plötzlich kamen mir alle so wehleidig vor. Du gehst nicht ins Seminar, weil du heute Morgen nicht aus dem Bett gekommen bist? Ach je. Wie schlimm. Kann es vielleicht daran liegen, dass du bis letzte Nacht um drei mit deinen WG-Mitbewohnern in der Küche gesessen und einen Joint nach dem anderen geraucht hast? Nein? Dann liegt das bestimmt an deiner schlimmen Kindheit. Ja, da bin ich mir ganz sicher, wird dir jeder Psychiater bestätigen. Nein, mach dir keine Sorgen, davon stirbt man nicht, wenn man überhaupt an irgendetwas stirbt, dann weil man ein elender Hypochonder ist, der sich seine Krankheiten einbildet! Ich hab mal von einer Frau gelesen, die dachte, sie habe einen Tumor – hatte sie aber nicht. Sie hat sich aber so da reingesteigert, dass sie am Ende doch gestorben ist. Das glaubst du mir nicht? Na, dann geh doch mal zu einem richtigen Arzt. Der wird dir mit Sicherheit attestieren, dass du kerngesund, aber überwältigend faul bist und immer nur nach einer Ausrede suchst, dich vor der Arbeit zu drücken. Das ist übrigens nicht heilbar, aber immerhin stirbt man nicht davon.

Am schlimmsten waren aber diejenigen, die von

der konservativen Medizin nichts hielten und sich auf homöopathische Therapien spezialisiert hatten. Die meinten, dass ein um tausend Potenzen verwässerter Wirkstoff intensiver wurde, außerdem besser verträglich und auch viel besser für die Umwelt. Na klar. Wenn ich eine Aspirin nahm, mit eintausend Liter Wasser runterspülte und mich dabei unentwegt im Kreis drehte, würde der Wirkstoff wirklich stärker werden? So ein Quatsch. Das war albernes alternatives Gefasel, und ich, Anhängerin der Schulmedizin, Verfechterin von Chemiekeulen und Botschafterin des Slogans »Die Pharmaindustrie hat mein Leben gerettet«, glaubte natürlich nicht daran, dass man durch Handauflegen Tumore loswurde oder mithilfe von Akupunkturnadeln das Rauchen aufhörte. Wenn man krank wurde, und ich meine richtig krank und nicht nur simulierend, dann hatte man gefälligst etwas dagegen zu unternehmen, also ließ man sich wahlweise ein Bein amputieren oder schluckte ein paar Tabletten, aber doch bitte keine Globuli oder Schüßlersalze.

Und überhaupt. Wenn meine Mitstudenten mich immer um Schmerzmittel anpumpten (die ich in Massen besaß, immerhin war ich Migränepatientin der ersten Stunde, auch wenn mein Vater lange gebraucht hatte, um dieses familiäre Stigma anzuerkennen), weil gegen ihre schlimmen Kopfschmerzen mit Verdacht auf Hirntumor (die sich in zehn von zehn Fällen als gewöhnlicher Kater entpuppten) einfach keine rezeptfreien Medikamente halfen, war ich schon ein wenig sauer. Ich hatte immerhin eine Krankheit. Eine echte. Eine mit Symptomen. Und eine, für die man wenigstens ab und an den Notarzt rufen musste.

Immer dann, wenn ich nachts erwachte und mein Gehirn arhythmisch gegen meinen Schädel zu schlagen schien, wenn ich stundenlang auf Knien die Kloschüssel anbetete und irgendwann, halb im Delirium, leer und im wahrsten Sinne des Wortes ausgekotzt auf allen vieren zurück in mein Zimmer kroch, immer dann dachte ich: Es kann keinen Gott geben. Oder er hatte noch nie Migräne.

Ganz schön arrogant. Aber wenn man Migräne hat, denkt man sowieso ganz komische Sachen, weil das Epizentrum des Schmerzes leider direkt neben dem Bereich liegt, in dem die Gedanken von der Ursprungsidee bis zur Produktionsreife gesponnen werden.

Früher, wenn ich als Kind Migräne bekommen und meinen Vater davon überzeugt hatte, dass ich nicht simuliere, lag ich immer stundenlang in meinem abgedunkelten Zimmer, einen kalten Waschlappen auf der Stirn und den Plastikeimer neben dem Bett. Weil ich nichts machen, vor allem aber nicht schlafen, nicht lesen und ohnehin die Augen nicht öffnen konnte, hörte ich Hörspielkassetten, und zwar in der Dauerschleife. Mein Lieblingshörspiel war *Pünktchen und Anton* von Erich Kästner, das es in einer tollen Aufnahme von Deutsche Grammophon gab, von Kästner selbst als Erzähler gesprochen. Die folgende Szene klingt mir noch heute in den Ohren, die werde ich nie, nie, nie vergessen, sie hat sich in meinem schmerzgeplagten Schädel in derselben Intensität eingebrannt, in der mein altes Kinderradio das Magnetband abnudelte: »Nach dem Mittagessen kriegte Frau Direktor Pogge Migräne. Migräne sind Kopfschmerzen, auch wenn man gar keine hat. Die dicke Berta musste im Schlafzimmer die Jalousien runterlassen, damit es ganz dunkel wurde, wie richtige Nacht. Frau Pogge legte sich ins Bett und sagte zu Fräulein Andacht: ›Gehen Sie mit dem Kind spazieren, und nehmen Sie den Hund mit! Ich brauche Ruhe!‹«

Migräne sind Kopfschmerzen, auch wenn man gar keine hat. So war das also. Mein Vater hatte sich, so dämmerte es mir eines Nachmittags, an meinen Hörspielen vergriffen! Wie sollte man sonst auf die Idee kommen, mit so einer infamen Behauptung an die Öffentlichkeit zu treten? Oder kannte mein Vater am Ende sogar Herrn Kästner? Oder hatte Herr Kästner vielleicht mal meinen Vater kennengelernt? Oder war – und ich sagte ja bereits, Gedanken nehmen seltsame Bahnen, wenn im Kopf ein Presslufthammer wütet – mein Vater am Ende sogar der Autor des perfiden Gedankens selbst? Das musste es sein! Mein Vater, der einzige Mensch, den ich kannte und der behauptete, Migräne sei reine Einbildung, und Erich Kästner, der Held meiner durchwachten Nächte unter der Bettdecke, waren ein und dieselbe Person!

Später habe ich gelernt, dass Migräne tatsächlich nur ein anderes Wort für Ich-hab-keine-Lust-auf-garnix-und-vor-allem-nicht-auf-dich-und-noch-viel-weniger-auf-Sex ist, das besonders gern von verheirateten Frauen verwendet wird, um sich vor den ehelichen Pflichten zu drücken. Wurde jedenfalls so behauptet.

»Caro hat mal wieder ihre Migräne.«

Ihre Migräne, wie das schon klang! Als habe ich sie erfunden. Als habe ich sie für mich allein reserviert und wolle keinem von diesem leckeren Kuchen was abgeben. Besonders erfreulich waren vor allem immer die Kommentare von anderen, die meinten, ihren wichtigen Senf zu meiner banalen Migräne dazugeben zu müssen: »Ich habe auch manchmal Kopfschmerzen.« Migräne hat mit ordinären Kopfschmerzen so viel zu tun wie der Wirtschaftsminister mit einer Portion Spaghetti bolognese. Und wenn mein Gegenüber dann auch noch meinte, etwas Geistreiches über das Erbrechen als solches hochwürgen zu müssen – »Ja, spucken ist immer sehr widerlich« –, hörte bei mir alles auf.

Spucken? Ich spuckte nicht! Ich spuckte niemals! Ich erbrach mich, wenn ich Migräne hatte, in einem Ausmaß, dass die Niagarafälle spontan in einer Lehmgrube versickert wären, wenn sie sich hätten mit mir messen müssen. Pah! In meinen nächtlichen Stunden, in denen ich genug Zeit hatte, die hauchfeinen Sprünge im Porzellan der Toilettenschüssel genauestens zu studieren, wünschte ich mir, die ganze Welt möge nur einen einzigen Tag lang mal eine Migräne und keine Kopfschmerzen haben, sich die Seele aus dem Leib reihern und nicht »spucken«, und dann würden wir uns wieder sprechen.

Meine stillen Gebete wurden nicht erhört. Stattdessen verschlimmerte sich mein Leiden in meiner Magisterphase Tag um Tag, sodass ich irgendwann nicht mehr wusste, wann ich überhaupt mal keine

»Kopfschmerzen« mehr gehabt hatte. Und wenn ich keine Kopfschmerzen hatte, dann war mir schlecht, oder ich war noch voll auf Schmerzmittel, oder ich hatte eine Aura, die jeden Epileptiker ehrfurchtsvoll zum Schweigen gebracht hätte.

Zwei Tage vor meiner letzten Prüfung wachte ich morgens auf und konnte meinen Arm nicht mehr spüren. Außerdem war mir so schwindelig, dass ich mich kaum auf den Beinen halten konnte. Am Vormittag setzten die Kopfschmerzen ein, schlimmer diesmal, fordernder als noch die Tage zuvor. Ich tat, was jedes Arztkind als Erstes tut: Ich rief Papa an.

»Ach ja, ich kann mir denken, was das ist. Du hast die letzten Wochen nur am Schreibtisch gesessen und dich nicht bewegt, ungesunde Sachen gegessen und geraucht wie ein Schlot. Sei kein solcher Jammerlappen, Caro. Noch zwei Tage, dann ist es vorbei.«

»Aber ich spüre meinen Arm nicht mehr!«, jammerte ich und konnte nicht verhindern, dass der Wasserpegel in meinen Augen sekündlich stieg. »Was, wenn es was Schlimmes ist?«

»Deinen Arm spürst du nicht mehr, weil du wahrscheinlich die halbe Nacht darauf gelegen hast. Oder es ist doch einer deiner Migräneanfälle, nur halt mit schlimmerer Aura. Mach jetzt aber nicht so ein Drama, musst doch nur noch zwei Tage die Zähne zusammenbeißen. Hopp!«

Mit seinem »Hopp!« im Ohr setzte ich mich wieder an den Schreibtisch. Zwei Stunden später fingen die Buchstaben vor meinen Augen so dramatisch an, auf und ab zu springen, dass ich meine beste Freundin anrief und sie bat, mir einen neuen Monitor zu besorgen.

»Einen Dreck machen wir«, sagte sie, als sie bei mir vorbeikam und mich sah. »Wir bringen dich jetzt ins Krankenhaus.«

Ins Krankenhaus? Oh nein. Ins Krankenhaus kamen nur Leute, die *wirklich* krank waren, also richtig krank, denen der Appendix explodierte oder die sich mit der Bohrmaschine die Hand durchlöchert hatten oder so. Aber doch nicht wegen einer Migräne! Und erst recht nicht wegen eines eingeschlafenen Arms! Wenn das mein Vater herausbekam, der würde mich ungespitzt in den Boden rammen. »Da gehen sie hin, unsere Steuergelder, kein Wunder, dass unser Gesundheitssystem am Ende ist, wegen Leuten wie dir!«, würde er schimpfen. Neben dem monotonen Pochen in meinem Ohr konnte ich seine Stimme beinahe hören.

Sosehr ich mich auch zierte, meine Proteste verhallten im Nichts. Ich wurde von meiner Freundin ins Krankenhaus gebracht und in ein nach Desinfektionsmitteln stinkendes Behandlungszimmer verfrachtet. Eine junge Ärztin kam und fing an, mich zu untersuchen, und stellte dabei ganz seltsame Fragen.

»Wie lange ist Ihnen schon schwindelig? Kam das ganz plötzlich? Können Sie auf einem Bein stehen? Führen Sie sich mit geschlossenen Augen mal den Finger an die Nase! Ach, normalerweise klappt das problemlos? Heute das erste Mal nicht? Interessant. Sagen Sie, gibt es bei Ihnen in der Familie Risikopatienten?«

»Was meinen Sie, was für Risikopatienten?«, fragte ich, die ich ermattet auf der Liege lag (ich war frustriert, weil ich mir nicht mal mehr mit geschlossenen Augen den Finger an die Nase führen konnte) und mich verzweifelt am Blick der Ärztin festklammerte.

Sie schwieg. Und ich ließ das Ärztekind raushängen.

In geschäftigem, aber möglichst sachlichem Tonfall fragte ich: »Wie lautet Ihre Diagnose?«

Innerlich wappnete ich mich, gleich die folgenden Worte aussprechen zu müssen: Und wie viel Zeit bleibt mir noch? Dann würde ich alle lebensverlängernden Maßnahmen und eine ärztliche Behandlung ablehnen, nach Hause fahren, ein Around-the-World-Ticket buchen und morgen schon in einem Flieger nach Kuala Lumpur sitzen, von wo aus ich meine Weltreise beginnen würde, bis ich an einem einsamen Strand in der Südsee in vollkommenem Frieden mit mir selbst und einer Kokosnuss in der Hand friedlich einschlafen würde.

»Ich habe noch keine Diagnose – nur einen Verdacht.«

Wolken zogen in meinen eskapistischen Südseeträumen auf. Vielleicht war ich gar nicht todkrank. Vielleicht war ich einfach zu dick, zu unsportlich, aß zu ungesund, trank zu leidenschaftlich, rauchte zu viel und hatte schlicht und ergreifend die Hose gestrichen voll, weil meine letzte Studiumsprüfung bevorstand und ich nicht einmal den Hauch einer Ahnung hatte, was ich danach mit meinem Leben anstellen wollte. Vielleicht war ich nichts anderes als ein geisteswissenschaftlicher Dünnschiss auf Abwegen, der es noch nicht einmal packte, sein Studium, das ihn auf direktem Weg in die Arbeitslosigkeit führte, zu Ende zu bringen, und jetzt nach einer billigen Ausrede (ein tauber Arm, ich bitte Sie!) suchte, um seiner gescheiterten Existenz durch die Todesaussicht doch noch eine dramatische Bedeutung zu geben.

»Wie lautet Ihr Verdacht?«, fragte ich deswegen tapfer.

Besser wäre gewesen: Wen verdächtigen Sie? Mich, natürlich. Ich hatte keine Krankheit. Ich hatte einen schweren, aber unbehandelbaren Anfall von Einbildung. Und ich würde sterben. Das war klar. Denn DAS würde mir mein Vater sicherlich niemals durchgehen lassen.

Die Ärztin musterte mich und sagte mit leicht hochgezogener Augenbraue: »Schlaganfall.«

»Ich hab doch keinen Schlaganfall!«, ereiferte ich mich. Lächerlich. Das war ja wohl die Höhe! Hatte die Frau denn gar keine Ahnung? Ich hatte eine Migräne, und mein Vater hatte gesagt, dass ich mich nicht so anstellen bräuchte, also stellte ich mich nicht so an, und was kam dann? Madame Neunmalklug diagnostizierte einen Schlaganfall, war das die Möglichkeit?

»Wir machen ein CT«, beschloss Frau Neunmalklug.

Ein CT ist teuer. Sehr teuer. Und die Taschen der Krankenkassen sind leer.

»Nein, wir machen kein CT.«

Als Nächstes würde sie dann einen Kernspin vorschlagen, dann eine Rückenmarkspunktion und eine Entnahme von Gehirnwasser, und ehe man es sich versah, hatte man wirklich einen Schlaganfall! Nee, nee, nicht mit mir.

Ich setzte mich auf der Liege aufrecht hin. »Wie kommen Sie auf die Idee, dass ich einen Schlaganfall habe?«

»Sie haben Sehstörungen, Ihr Arm ist taub, Ihnen ist schwindelig und schlecht, Sie eiern, wenn Sie auf einer Linie laufen sollen, haben einen gestörten Gleichgewichtssinn und Kopfschmerzen. Das Einzige, was gegen einen Schlaganfall spricht, ist die geistige Verwirrung, die Sie nicht zeigen. Wobei ich mir da noch kein abschließendes Urteil gebildet habe.«

Die Ärztin sah mich an, und in ihren Augen blitzte es angriffslustig.

»Wenn ich hierbleibe, bringt mein Vater mich um!«, wandte ich energisch ein.

»Wenn Sie nicht hierbleiben, wird das nicht nötig sein, das wird der Schlaganfall dann für ihn erledigen.«

Eiskalt kroch mir die Angst die Glieder hoch. Wenn ich nun wirklich einen Schlaganfall hatte, war es dann sinnvoll, sich gegen ausdrücklichen ärztlichen Rat aus der Behandlung zu entlassen, nur weil man sonst Ärger mit seinem Vater bekam? Würde ich mir das später einmal verzeihen? Beziehungsweise: Hätte ich noch eine Gelegenheit, es mir zu verzeihen, bevor ich ins Gras biss?

Andererseits: Wenn mein Vater mitbekam, dass

ich hier durch alle medizinischen Instanzen geschickt wurde und dem Steuerzahler damit 1.500 Euro am Tag aus der Tasche zog, würde ich mir vielleicht wünschen, ich wäre freiwillig gegangen und irgendwann klammheimlich in meiner Wohnung verendet.

Mein innerer Disput wurde von meiner Studienfreundin unterbrochen, die immer noch in einer Ecke im Behandlungszimmer saß und nun mein Handy in die Höhe hielt. »Lass das die beiden Leute vom Fach doch selber klären«, schlug sie vor und wählte die Nummer meines Vaters.

Na prima. Sie konnten den Bestatter schicken, ich war am Arsch.

»Hallo Herr Wittmann«, hörte ich meine Freundin in den Hörer flöten, »wir bräuchten da mal Ihren ärztlichen Rat!«

Dann reichte sie das Telefon an die betreuende Ärztin weiter, die sich rückwärts aus dem Behandlungszimmer schlich, nicht ohne mir einen letzten wütenden Blick zuzuwerfen.

Minuten später kam sie zurück. »Sie dürfen gehen.«

Ich sah sie erstaunt an. »Oha. Wie kommt's?«

Irgendwie war mir klar gewesen, dass ich mich nach dem Telefonat, das sie mit meinem Vater geführt hatte, nicht auf einen Daueraufenthalt im Krankenhaus würde einstellen müssen.

»Ihr Vater hat mir Ihre gesamte Krankheitsgeschichte erzählt. Sie sind seit über zwanzig Jahren Migränepatientin. Das hätten Sie mir ruhig mal sagen können.«

Wieso? Normalerweise wollte es doch auch keiner wissen … und mir war nicht bewusst gewesen, dass man bei der Anamnese auch eingebildete Krankheiten angeben musste. Ich schwieg. Beleidigt. Nicht mal das hatte ich richtig gemacht.

»Und ich soll Ihnen etwas von Ihrem Vater ausrichten«, sagte sie und lächelte nicht. »Ich soll Ihnen sagen: Sie haben vielleicht einen Schlag und ganz sicher auch schlimme Anfälle, aber einen Schlaganfall, das hält er für ganz ausgeschlossen.«

Wie sich später herausstellen sollte, hatte ich tatsächlich keinen Schlaganfall, sondern lediglich eine mehrere Tage andauernde Migräne mit sehr starker Aura. Das führte dazu, dass ich in meiner Magisterprüfung alles doppelt sah und nicht von zwei, sondern vier Prüfern in die Mangel genommen wurde. Meinen Abschluss habe ich trotzdem gemacht. Und mit ihm in der Tasche stellte sich meine Migräne für fast ein halbes Jahr vollständig ein. Aber um Krankenhäuser mache ich, es sei denn, mein Vater arbeitete darin, immer noch einen großen Bogen.

4. So lässt es sich gut leiden

Im Leben eines Ärztekindes gibt es zwei äußerst unangenehme Situationen: erstens, krank werden und zu einem Elternteil in Behandlung gehen. Und zweitens, krank werden und von einem anderen Arzt behandelt werden.

Am besten wird man demnach gar nicht krank. Geschieht es aber dennoch, sieht man sich plötzlich nicht nur mit seiner womöglich simulierten Krankheit und allen dazugehörigen eingebildeten Symptomen, sondern auch mit der Unfähigkeit konfrontiert, einen echten, einen anderen Arzt anstelle von dem zu besuchen, der einem schon seit Jahren sagt, dass man ein elendiger Jammerlappen ist.

Zum Arzt gehen will also gelernt sein.

Neben dem Münchhausen-Syndrom, das ich ja bereits als aufsehenerregendste Simulantenkrankheiten der Neuzeit vorgestellt habe, gibt es eine weitere Krankheit, die mich Staunen lässt: das Münchhausen-Stellvertreter-Syndrom. Es handelt sich hierbei um eine spektakuläre Abwandlung des Münchhausen-Syndroms, das – im Vergleich zu seiner Weiterentwicklung – geradezu lächerlich erscheint.

Ist ein Patient, oftmals eine Frau und noch viel häufiger eine Mutter, am Münchhausen-by-Proxy-Syndrom erkrankt, erfindet sie keine eigenen Wehwehchen, oh nein: Sie tut so, als wäre ein anderer, etwa das eigene Kind, erkrankt und müsse behandelt werden. Daraufhin beginnt sie mit ihrer Odyssee durch die medizinischen Abteilungen und hört erst wieder auf, wenn die Frucht ihres Leibes zu Tode medikamentiert oder von ihr selbst vergiftet wurde, um noch mehr Behandlung und noch mehr ärztliche Aufmerksamkeit zu ergattern.

Es ist vollkommen unmöglich, dass ein Mediziner dieser Krankheit zum Opfer fällt. Ärzte behandeln ihre Kinder ohnehin nur unter Androhung von roher Gewalt. Die Vorstellung, dass sie ihre Kinder ABSICHTLICH zu einem anderen Arzt schleppen, ist nicht nur absurd, sie ist ein Verstoß gegen die Naturgesetze. Von dieser Regel ausgenommen sind lediglich die Ärzte, die über ein medizintechnisches Equipment verfügen, das die eigene Praxis nicht hergibt, also Röntgengeräte, Kernspintomografen oder Notfallhubschrauber. Aber die braucht man sowieso ganz selten – und in Fällen von akuter Einbildung schon mal gar nicht. Wäre ja noch schöner.

In der Regel ist es ja auch ganz einfach. Bei einer Erkältung oder einem grippalen Infekt muss man nicht groß behandeln, geschweige denn einen Kollegen aufsuchen, denn eine Erkältung dauert ohne Medikamente acht Tage, mit Medikamenten eine Woche. Alter Ärztetrick. Und auch eine Magen-Darm-Grippe erfordert kein weiteres Zutun, als abzuwarten und Tee zu trinken, denn »drei Tage kommt sie, drei Tage bleibt sie, drei Tage geht sie«.

Dementsprechend schwierig gestaltete sich für mich damals das Blaumachen der Schule. Von der Migräne mal abgesehen, die ich aber, Erich Kästner sei Dank, niemals als Vorwand zum Schwänzen verwendete (konnte ja sein, dass man sie später noch einmal brauchte …), eignen sich nämlich nur wenige Krankheiten zum Simulieren. Das hat mein Vater in seiner Alles-nur-eingebildet-Theorie wohl vergessen zu erwähnen. Eine erhöhte Temperatur kann man nämlich nur schwer vortäuschen, und wenn man es doch versucht, wird man wie ich schnell der schamlosen Lüge überführt, weil man das Thermometer doch ein Sekündchen zu lang in den heißen Tee getaucht und eine angebliche Temperatur von über 52 Grad Celsius hat. Ups. Außerdem winkte, zumindest in jüngeren Jahren, bei Fieber immer das Zäpfchen – und kein vernünftiger Mensch, es sei denn, es ist eine ausdrücklich erwünschte Sexualpraktik – möchte WIRKLICH rektal behandelt werden.

Auch Bauchschmerzen kann ich als Simulationssymptom nicht empfehlen, meistens muss man dann nämlich tagelang Suppe essen und widerlich schmeckende Säfte trinken.

Der gesamte HNO-Apparat eignet sich deshalb schon nicht zum Simulieren, weil die verräterisch nicht tomatenrot angelaufenen Mandeln, die nicht geschwollenen Lymphknoten und das fehlende Rasseln in der Brust keinen praktizierenden Mediziner von einer bevorstehenden Lungenentzündung oder einer eitrigen Angina überzeugen können.

Bleiben – wie so oft – nur die Extremitäten. Einen schmerzenden Arm oder ein malades Bein vorzutäuschen klingt eigentlich ganz einfach, blöderweise bestehen die meisten Ärzte und vor allem Eltern auf einen ausführlichen Bericht vom Unfallhergang. Ist man also nicht besonders sportbegeistert oder einfallsreich, ist es mehr als unwahrscheinlich, dass man sich beim Liegen im Bett eine Sehnenscheidenentzündung zuzieht (welche sich zum Blaumachen ohnehin nicht eignet, weil man ja noch die Beine zum Gehen und die Ohren zum Zuhören hat oder sich notfalls zum Linkshänder umschulen lassen kann). Noch schlimmer als die Geschichte, die man um die nicht schmerzende Extremität erfinden muss, ist aber die Angst vor dem echten Schmerz. Jeder, der sich schon einmal einen Arm gebrochen, ins Fleisch geschnitten oder einen Nerv in der Brustwirbelsäule eingeklemmt hat, wird sich hüten, die Schmerzen – und sei es nur in der Simulation derselben – noch einmal hochzubeschwören.

Gut. Kopf, Innereien, Gliedmaßen und Nerven fallen also weg. Bleiben nur noch die Zähne. Niemand mit Verstand würde allerdings jemals auch nur ansatzweise in Erwägung ziehen, freiwillig Zahnschmerzen vorzuspielen, denn die Konsequenz daraus ist zwangsläufig, dass man zum Zahnarzt muss. Möglich sind natürlich auch psychische Krankheiten, es ist aber fraglich, ob man, nachdem man seinen Eltern glaubhaft versichert hat, dass man an einer schlimmen Depression mit manischen Zügen leide, am Ende der Woche auf die Party von Susanne darf, auf die man sich schon seit Wochen vorbereitet.

Da man sich heutzutage allein durch den Gang zum Arzt des Verdachts schuldig macht, ein elender Betrüger und Hochstapler zu sein, der seine Symptome vortäuscht oder (noch schlimmer) sich einbildet, sollten Patienten das Simulieren von Krankheit besser ganz sein lassen. Nicht nur Ärztekinder. Schließlich ist ein unnötiger MRT genauso teuer wie ein wirklich angezeigter, und Medikamente, die dem Simulanten in den Rachen geworfen wurden, sind für alle ernsthaft Kranken endgültig verloren. Deswegen kostet das Simulieren den Steuerzahler Millionen und sorgt dafür, dass wir alle, wenn wir mal in Rente gehen, von der Altersarmut eingeholt werden. Also alle bis auf die Ärzte.

Nun kommt es aber vor, dass man selbst als Ärztekind wirklich krank wird. Und dass die Tatsache, dass man sich seit Tagen nur mühsam aus dem Bett quält, dass man wirklich Fieber oder entzündete Mandeln oder Flitzekacke hat, einfach nicht mehr ignoriert werden kann. Dann passiert, was den meisten Ärztekindern einen kalten Schüttelfrost den Rücken hinunterjagt, was den Puls rasen und die Lider flattern lässt: Sie müssen zu einem fremden Arzt. Und das will gelernt sein.

Weil Ärztekinder wissen, wie Ärzte ticken (und im schlimmsten Fall selbst welche werden), spielen sie von vorneherein schon mal alles runter. Im Gegensatz zum gewöhnlichen Simulanten, der auf jedes Zipperlein noch ein Schippchen drauflegt, übt sich das Ärztekind, vor allem das volljährige, das sich nicht mehr vor einer Matheklausur drücken muss, in Zurückhaltung. Gebrochen? Ach was – maximal gestaucht. Fieber? So ein Unsinn. Höchstens erhöhte Temperatur. Keuchhusten? Mit viel gutem Willen ein leichtes Kratzen im Hals. Und bitte bloß nicht krankschreiben, das erlauben mir meine Eltern nie!

Ärztekinder wurden ihr Leben lang mit der Maxime infiltriert, dass sie sich nicht so anstellen sollen und bitte, BITTE! nicht zu dem Pulk all der anderen Weicheier mit offensivem Schmerzempfinden gehören, die mit ihren Krankheiten kokettieren, um ein paar Tage länger Urlaub zu bekommen. Und wenn man schon zu einem anderen Arzt geht, dann sowieso nur im eigenen Urlaub. Bloß nicht zur Arbeitszeit. Und am allerwenigsten am Wochenende, denn da hat der Halbgott in Weiß Schaffenspause. Und kann nicht rechtzeitig in Urlaub fahren. Deswegen gilt für Ärztekinder das ungeschriebene Gesetz: Wenn sich meine Krankheit irgendwie verschieben, verharmlosen oder verschleppen lässt, dann werde ich meine Chance nutzen und meine bislang nicht erkannte Laktose-Intoleranz entweder selbst therapieren oder einfach unter den Tisch fallen lassen.

Einmal, während meines Studiums, für das ich zwangsläufig meine Heimatstadt verlassen hatte und demnach auch zwangsläufig zu einem anderen Arzt als zu dem gehen musste, der mich schon seit Jahren nicht behandelte, bekam ich einen Schnupfen. Natürlich war mir klar, dass es etwas mehr als ein Schnupfen war, eher ein grippaler Infekt, eine seltene und vermutlich oft falsch diagnostizierte Autoimmunerkrankung oder am Ende sogar Lungenkrebs, aber mein Vater hatte mir am Telefon seine Ferndiagnose verkündet, und seitdem lag ich danieder, in der schrecklichen Gewissheit, ein Jammerlappen zu sein. Ich betete zu dem Gott, an den ich nicht glaubte, dass mein Fieber nicht noch mehr steigen würde. Dass ich aufhören würde, grünen Schleim abzuhusten, und mein Blutdruck wieder in die Regionen stieg, die landläufig als normal galten. Ich wollte vermeiden, ums Verrecken sogar, dass ich zu einem Arzt gehen musste. Zu einem anderen als meinem Vater, der mir dann wie dieser sagen würde, dass ich mich mit meinem lächerlichen Schnupfen nicht so anstellen solle, und mir ein paar Spaziergänge an der frischen Luft und ein paar Wadenwickel verordnete. Es ist eine Sache, von seinen Eltern als Weichei hingestellt zu werden, eine ganz andere jedoch, wenn das ein Fremder tut.

Doch all der Kamillentee, den ich in den kommenden Tagen trank, half nichts. Irgendwann gab ich mich geschlagen und schleppte meinen maladen Körper zu einem Mann, der laut Schild und Visitenkarte Allgemeinarzt war. Immerhin kein Spezialist und damit auch keine teuren Gerätschaften und von der Krankenkasse nicht bezahlten Behandlungsmethoden.

»Na, wo drückt denn der Schuh?«, fragte er freundlich und jovial und schob mich auf seine Behandlungsliege.

»Hals«, röchelte ich.

Er schnappte sich sein Stethoskop und hörte meine rasselnden Bronchien ab. Dann steckte er mir ein Fieberthermometer ins Ohr, maß meinen Puls, untersuchte meine Lymphknoten und erkundigte sich nach der genauen Farbe und Zusammensetzung des von mir abgesonderten Schleims aus Nase und Rachen.

»Sie haben eine schwere Bronchitis, mein Fräulein«, sagte er in einem sehr strengen und sehr vorwurfsvollen Ton. »Sie hätten schon viel früher kommen müssen – Ihnen geht es doch bestimmt schon länger nicht gut.«

»Ist nur ein Schnupfen«, keuchte ich.

»Nichts da, Schnupfen!«, empörte sich der Doktor. »Ich verordne Ihnen ein starkes Antibiotikum, außerdem strenge Bettruhe. Ich werde Sie krankschreiben, mindestens bis zum Ende der Woche. Am Freitag möchte ich Sie aber noch einmal untersuchen. Kommen Sie in die Praxis, oder rufen Sie an, dann mache ich einen Hausbesuch.«

Was war das?

Ich hatte, und ich musste eindeutig schon stark dehydriert und im Delirium sein, die drei bösen Worte vernommen: Antibiotikum, Bettruhe und Krankschreibung. Das konnte nicht sein. Der Typ machte Witze! Das war ein Kurpfuscher übelster Sorte, ein Scharlatan, ein Nichtskönner, der auf Kosten unseres maroden Gesundheitssystems die Leute krankschrieb, wenn sie mit einem lächerlichen Schnupfen ein paar Tage lang mal ein wenig früher ins Bett gehen sollten!

Ich war doch nicht krank! Ich war höchstens erkältet! Und ein Hausbesuch kam schon mal gar nicht infrage, genauso wenig wie ein weiterer Besuch zulasten der leeren Kassen.

»Es ist ein Schnupfen!«, begehrte ich auf, doch dem Arzt war nicht zum Spaßen zumute.

Er drehte sich zu seinem Medikamentenschrank um und zog eine kleine Packung aus der Schublade.

Dann zwang er mich, die Tablette, die er mit ärgerlicher Geste aus dem Blister drückte, zu schlucken, und kontrollierte mit seiner Ohrentaschenlampe sogar, ob ich sie nicht unter der Zunge versteckt hielt. Wie die Leute im Irrenhaus mit den psychotischen Störungen. Oder die mit Münchhausen-Syndrom.

Einen Tag später sank das Fieber, und ich beschloss, auch den Rest der Tabletten zu nehmen. Zwei Tage später war ich wieder in der Lage, aufzustehen, in der Wohnung herumzulaufen und mir eine Hühnerbrühe zu kochen. Und noch mal einen Tag später rief mein Vater an und meinte: »Machst du immer noch mit diesem Schnupfen rum? Mädchen, Mädchen, dein Immunsystem ist wirklich im Eimer. Du solltest aufhören zu rauchen. Und abnehmen. Dann würdest du auch seltener diese Erkältungen bekommen.«

Ich traute mich nicht, ihm zu sagen, dass ich mittlerweile von einem anderen Arzt behandelt wurde, und schämte mich.

Neben dem Unwillen, einen fremden Arzt aufzusuchen, ist ein weiteres charakteristisches Merkmal aller Ärztekinder der absolut fehlende Respekt vor Vertretern des medizinischen Berufsstandes, besonders vor den Fachrichtungen, die ihre Patienten nicht anfassen. Je tiefer der Arzt im Patienten wühlen muss, um dem Leiden auf den Grund zu gehen, desto höher die damit verbundene Achtung der Kollegen. Besonders blöd ist diese Einstellung, wenn man als Ärztekind mit genau so einem Vertreter in Berührung kommt.

Ich habe erst einmal Feindkontakt mit einem Anästhesisten gehabt, doch innerhalb weniger Minuten war klar, dass unsere Beziehung auf gegenseitiger Respektlosigkeit basiert. Eigentlich habe ich scheckheftgepflegte Zähne, gehe regelmäßig zur Kontrolle und sogar einmal im Jahr zur Zahnreinigung, die ich, weil nicht mehr privat versichert, sogar aus eigener Tasche bezahle. Doch irgendwann befand mein linker Schneidezahn, dass es Zeit für eine Wurzelentzündung sei, das herkömmliche Prozedere, den Zahn aufzubohren und den Nerv zu ziehen, blieb allerdings wirkungslos. Also verordnete mein behandelnder Zahnarzt (der einzige Arzt, den ich außer meinem Vater für voll nehme, da er mit seinem Einsatzgebiet einen Bereich abdeckt, den mein Vater wirklich nicht behandeln kann) eine Wurzelspitzenresektion, und die ist tatsächlich genau so abartig, wie sie sich anhört, denn das Zahnfleisch wird auf Wurzelhöhe aufgeschnitten, dann wird ein kleines Loch in den Kieferknochen gebohrt, die Spitze des entzündeten Zahns wird abgehackt, das Ganze mit einer ekligen Masse bestrichen, Loch zu, Zahnfleisch drauf, und dann bitte nicht rumheulen, weil es eine irre Schwellung gibt.

Ich lag also beim kieferorthopädischen Chirurgen auf dem Stuhl, die Ärztin, die die OP durchführen würde, wuselte um mich herum, und der Anästhesist quatschte mich voll, als wenn es kein Morgen mehr gäbe, erzählte von skurrilen Situationen aus seinem ach so wahnsinnig spannenden Berufsalltag und versuchte, das weiß ich genau, sich ein wenig wichtiger darzustellen, als er tatsächlich war.

Und dabei war ich Tochter eines Arztes – eines richtigen, wohlbemerkt, der seinen Patienten auch mal auf die Pelle rückte, wenn es sein musste, und nicht nur ein paar bewusstseinsbenebelnde Anästhetika verabreichte. Als wenn mich seine Geschichten vor die Haustür gelockt hätten – pah!

»Wissen Sie, es ist nicht leicht, die richtige Dosis für einen Patienten zu finden.«

Ja, sicher, dachte ich mir und guckte gelangweilt. Es gab Ärzte, die buddelten in Hirnmasse herum, andere verlegten Nervenbahnen neu, wieder andere entdeckten unbekannte Krankheiten oder behandelten in der Savanne Afrikas malariakranke Kinder – und das Problem dieses Vertreters seiner Zunft war die *richtige Dosierung?* Also bitte.

»Manchmal erzählen einem die Patienten nicht von allen Vorerkrankungen oder schummeln bei der Angabe ihres Gewichts.«

Er bedachte mich mit einem skeptischen Seitenblick. Ja, okay, ich hatte auch sieben Kilo weniger angegeben – na und? Solange ich der Meinung war, weniger als 78 Kilo zu wiegen, reichte das völlig aus. Es war ja nicht so, dass er sich auf eine OP an einem Kaninchen eingestellt hatte, und jetzt lag ein Elefant bei ihm auf dem Tisch. Lächerlich.

Ich atmete hörbar genervt aus.

»Da kann dann schon mal was schiefgehen bei der Anästhesie – aber daran ist dann natürlich der Patient schuld, immerhin hat er gelogen, als er seine Angaben machte.«

Wieder glotzte er unverhohlen auf meinen Bauch.

Ich wurde langsam sauer. Versuchte mir dieser Kurpfuscher doch gerade zu verklickern, dass alle Patienten, die unglücklicherweise mitten bei ihrer komplizierten Bandscheibenoperation aufwachten und die unappetitlichen Details dessen mitbekamen, was die pietätlosen Ärzte während so einem Achtstundeneingriffs von sich gaben, selbst dran schuld seien, weil sie auf dem Anamneseblatt ein paar Kilos falsch berechnet hatten. Widerlich!

»Es ist ja auch eine große Vertrauenssache. Immerhin überlässt der Patient die ganze Kontrolle dem Anästhesisten.«

Ich verzog den Mund zu so etwas Ähnlichem wie einem Lächeln, das aber ganz sicher nicht echt gemeint aussah.

Vertrauen – schön wär's! Ich wusste, wie es in Operationssälen so zuging. Ein Freund von mir, der als Chirurg tätig ist, zeigte mir einmal eine unfassbare Sammlung von Bildern, die er und seine Kollegen während verschiedenster Eingriffe mit dem Patienten geschossen hatten – dem sedierten, bewusstlosen Patienten wohlgemerkt, der wie ein Sack alter Kartoffeln auf dem Tisch lag, in vermeintlich friedlicher Ruhe. Da wurden schlappe Arme angehoben und in die Kamera gewunken, da wurden Peace-Zeichen aus kraftlosen Fingern geformt, da wurde an Füßen gekitzelt und auf wabbeligen Oberschenkeln *Tic-Tac-Toe* gespielt. Mir machte keiner was vor. Ich wusste genau, was Sache war.

»Ich habe, gerade bei jungen Frauen, niemals eine Betäubung gelegt, wenn nicht mindestens eine andere Person im Raum war. Man hört ja da die schlimmsten Geschichten, von Vergewaltigungen und unsittlichen Berührungen im Tiefschlaf. Das darf man in meinem Beruf nicht außer Acht lassen.«

Also bitte! Was redete der denn für einen Unfug? Und wohin schwand plötzlich mein Desinteresse, und woher kam dieses mulmige Gefühl in mir? Das lag garantiert nicht daran, dass er mir soeben den Zugang gelegt hatte.

»Wissen Sie, wir Anästhesisten werden ja oft verkannt. Wir müssen auf so viele Dinge gleichzeitig achten. Die allgemeine Verfassung des Patienten, wie schon gesagt die Dosierung, das Überwachen der Monitore …«

Und das Produzieren von Schwachsinnsmonologen, ergänzte ich in Gedanken. Der Typ war echt unangenehm. Vermutlich hatte er auf meinem Anamnesebogen gelesen, dass mein Hausarzt und ich denselben Nachnamen trugen, und jetzt meinte er, sich aufspielen zu müssen. Wäre er doch Internist geworden, dann müsste er nicht so dick auftragen. Oder HNO-Arzt. Oder er hätte was Ordentliches aus seinem Leben gemacht und wäre in die Orthopädie gegangen.

Hatte der Anästhesist meinen mangelnden Respekt vor seinen Fähigkeiten etwa bemerkt und wollte sich rächen?

»Hatten Sie schon mal eine Narkose? Nein? Dann wird Ihnen gleich sicher ein wenig schwindelig.«

»Ja, ja, schon klar.«

»Zählen Sie doch mal rückwärts, bitte.«

»Haben Sie eine Lieblingszahl, bei der ich anfangen soll? Zehn ist ja ein bisschen einfach – vielleicht irgendwas Komplexeres?«

»Zählen Sie einfach«, knurrte er.

Mir war ja klar, dass das Herunterzählen das einzige Highlight seines traurigen Alltags zwischen Ampullen und Infusionsfläschchen war. Eine Art Countdown des Mitleids, mit dem ich seinen jämmerlich kleinen Handlungsspielraum anteasern sollte.

»Ich hab's! Ich zähl in Primzahlen!«, schlug ich vor. »Zwei --- drei --- fünf --- sieben – nein, halt, ist sieben eine Primzahl? Quatsch. Also, ich fang noch mal an …«

Er seufzte gut hörbar. Undankbarer Stoffel. Nun sorgte endlich mal jemand für ein bisschen Unterhaltung in seinem drögen Arbeitsalltag, und was war der Dank?

»Zwei, drei, fünf, … äh … elf …«

»Ihnen wir jetzt gleich ein wenig schwindelig.«

Ich muss wohl schon ein wenig benebelt gewesen sein, zumindest aber nicht mehr Herrin meiner Sinne, als ich, in Gedanken, wie ich meinte, fragte: »Von Ihrem Gefasel oder vom Medikament?«

Ich hörte meine Worte in meinem Ohr, sah die Chirurgin schmunzeln und den Anästhesisten erblassen. Oder war Letzteres nur ein Traum?

Schlagartig wurde es schwarz um mich.

Als ich eine Dreiviertelstunde später wieder erwachte, war ich allein im Aufwachraum. Jemand hatte eine Decke über mich gelegt, trotzdem fror ich ganz erbärmlich. Meine Zähne klapperten unentwegt aufeinander, was bestimmt schmerzhaft gewesen wäre, wenn meine gefühlt tennisballgroß geschwollene Oberlippe und alles, was darunterlag, nicht taub gewesen wären. Ich fühlte mich müde und schlapp.

Erst nach einer Weile bemerkte ich ein Stück Papier auf meinem Bauch. Mit zitternden Händen griff ich danach und faltete es auseinander. Da stand: »Und die Sieben ist doch eine Primzahl.«

Immerhin. Mit Zählen kannte er sich aus.

5. Der Thronfolger

Mein Vater hat mit seinen drei Töchtern, seien wir ehrlich, schon ein hartes Los gezogen. Ich weiß nicht, wann er sich zum ersten Mal einen Sohn und Thronfolger gewünscht hat. In dem Ausmaß, wie er sich auf seine Schwiegersöhne in spe stürzt, muss es aber schon sehr früh der Fall gewesen sein.

Weil wir alle nicht in seine Fußstapfen treten wollten, entwickelte er schon bald einen Plan B: Wenn also kein Mediziner eigenen Blutes in der Familie, dann halt ein Kuckuckskind. Am Ende zählt nur das Ergebnis. Und so legte er uns, wann immer sich die Gelegenheit bot, nahe, es doch vielleicht nicht mit den ganzen anderen Idioten, die wir immer nach Hause schleppten, sondern mal mit einem jungen Halbgott in Weiß zu versuchen.

Da ich eine beachtliche Zeit meiner Goldenen Zwanziger solo war, begann mein Vater bei der Umsetzung seines Plans in die Wirklichkeit folgerichtig bei mir.

»Caro«, seufzte er eines Abends beim Abendbrot, »was ist denn eigentlich dein Problem mit Männern?«

Ein Problem mit Männern? Davon war mich nichts bekannt. Ich hatte eher ein Problem mit keinen Männern, und das hatte ich nicht mal vor meinem Vater verbergen können.

»Wieso?«

»Als ich in deinem Alter war …«, begann er, wurde jedoch rüde von mir unterbrochen.

»Ja, ja, als du in meinem Alter warst, da war die Sonne noch heller und der Himmel noch blauer, und die Männer rannten den jungen Frauen die Bude ein.«

Er nickte. »Genau. Jungen Frauen, die nicht so renitent waren wie du. Manchmal glaube ich, du bist von der Männerabwehr.«

Das war ja wohl die Höhe! Mal ganz davon abgesehen, dass mein Vater sicher nicht derjenige war, der gute Ratschläge in Sachen Liebesbeziehung verteilen sollte. Mein Vater, das hatte mir meine Mutter mal in aller Heimlichkeit erzählt, hatte sich in seinen Studienjahren immer Frauen gesucht, die über hauswirtschaftliches Talent verfügten und ihm demnach die Socken stopfen und die Kittel bügeln konnten. Von wegen Liebe. Und abends, wenn er nach einer langen Sitzwache in der Neurochirurgie, mit der er sich sein Studium finanzierte, nach Hause kam, köchelte auf dem Herd ein leckeres Gulaschsüppchen.

Willkommen im 21. Jahrhundert, Vater!

»Als du in meinem Alter warst, war das alles ganz anders«, erklärte ich ihm. »Da war Emanzipation noch ein feuchter Gedanke im Hirn von Alice Schwarzer.«

Mein Vater schüttelte den Kopf. »Nein, deine Mutter war schon immer sehr emanzipiert.«

Wieso?, dachte ich. Hat sie etwa ganz selbstständig entschieden, ob sie zuerst die Kittel bügelt oder die Gulaschsuppe warm hält?

»Meinst du mit emanzipiert, dass sie in deinem Namen mit der Frau Schluss gemacht hat, die du vor ihr als Haushaltshilfe eingestellt hattest?«

»Papperlapapp«, sagte mein Vater und trat die Flucht nach vorn an. »Ich kenne da einen netten Mann aus dem Notdienst, der ist auf der Suche.«

»Welche Fachrichtung?« Irgendwas musste man ja fragen, wenn der eigene Vater auf die Idee kam, einen zu verkuppeln.

»Onkologie! Aber auch ein hervorragender Notfallmediziner.«

Onkologie? Nein danke! Ich hatte keine Lust auf einen Mann, der den ganzen Tag von Krebspatienten umgeben war und am Abend dann einen seelischen Mülleimer zur psychischen Reinigung brauchte. Dann lieber einen Knochenbrecher! Einen Orthopäden. Die arbeiten nicht viel und fahren schicke Autos.

Ich dachte an meine Erfahrungen aus Greifswald. Wirklich sympathisch waren mir die Ärztekinder nicht gewesen – aber wer sagte, dass aus doofen Ärztekindern auch doofe Ärzte wurden? Mein Vater war zwar anstrengend, aber im Großen und Ganzen doch ganz in Ordnung. Und die Ärztekinder waren ja noch am Anfang ihrer Entwicklung und sicher ganz grün hinter den Ohren, daher sicher noch nicht im finalen Produktionsstadium. Und mit der Zeit, wenn sich die Arroganz über die eigene Herkunft legte, weil man mit beiden Händen in den Darmschlingen eines Patienten wühlte oder acht Stunden am Stück ohne Pause die Spatel halten musste … Vielleicht war die Überlegung ja gar nicht so verkehrt. Immerhin gehören Ärzte nicht umsonst zur Elite unseres Landes. Sie sind gebildet, in den meisten Fällen gut bezahlt und normalerweise notorisch überarbeitet. Das hat durchaus Vorteile: Dank der Doppel- und Nachtschichten im Krankenhaus, dem lästigen Papierkram und eilig einberufenen Notfalloperationen könnte ich meine Freizeit weiterhin vollkommen selbstständig planen und würde trotzdem über das nötige Kleingeld verfügen, um ebendiese mit wirklich sinnvollen und befriedigenden Tätigkeiten wie Shopping, Golfen oder dem Besuch von Kunst-Matineen zu verbringen. Natürlich spielte ich kein Golf und hatte zu diesem Zeitpunkt noch keine einzige Matinee besucht. Aber auch in die Rolle der Arztgattin konnte man reinwachsen!

Doch wie würde ich an einen Arzt kommen? Sicher nicht, indem ich mir von meinem Vater einen vorsetzen ließ! Am Ende mochte er ihn vielleicht … Am besten wurde ich krank. Oder gab es zumindest vor. Schließlich sollte beim ersten Kennenlernen unbedingt eine eingehende Leibesvisitation vorgenommen werden. Ich nahm mir vor, bei einer etwaigen Untersuchung unbedingt darauf zu achten, mich nicht von schlecht ausgebildetem Hilfspersonal oder adoleszenten Medizinstudenten befummeln zu lassen. Unglücklicherweise war ich zu diesem Zeitpunkt meines Lebens nicht mehr über meinen Vater privatversichert, ich würde also auf eine Chefarztbehandlung und das Einzelzimmer für die romantischen Stunden *entre nous* verzichten müssen.

Ein Arzt sollte es also werden, doch bevor ich mir im ersten Übermut nun einen Fingernagel einwachsen ließ, wollte ich mir zunächst über die Fachrichtung Gedanken machen, in der ich meinen Traummann zu finden gedachte. Dabei beschloss ich, die Spezialgebiete Geriatrie, Proktologie und Urologie von vornherein auszuschließen, da ich noch weit unter fünfundsechzig war, nicht gern über meinen Reizdarm sprach und keine bekannte sexuelle Vorliebe für Blasenkatheder hatte.

Ein Kind hatte ich auch nicht, also bot sich auch nicht der Gang zum Pädiater an. Würde jedenfalls komisch wirken, so ohne Kind beim Kinderarzt. Schade, denn Kinder wären für mein Vorhaben natürlich prädestiniert gewesen. Sie verschlucken gern Dinge, die sie besser nicht verschlucken sollten, haben unerklärlich oft und unerklärlich hoch Fieber oder legen ihre kleinen Hände auf heiße Herdplatten. Da ich aber kein Kind hatte, das sich dazu entschloss, dem Lego-Männchen den Kopf abzubeißen (das Plastikteil aus der Luftröhre wieder herauszubekommen ist ein sehr langer und umständlicher Prozess, der mit Sicherheit mit vielen Nachuntersuchungen verbunden ist und während dem ich idealerweise schon die persönlichen Vorlieben meines behandelnden Kinderarztes und zukünftigen Ehemanns hätte kennenlernen können), musste ich umdisponieren.

Ich überlegte. Prinzipiell eigneten sich Krankheiten, die den Verdauungsapparat oder den Magen betreffen, für mein Vortäuschungsmanöver, allerdings erinnerte ich mich daran, dass die wenigsten Internisten zu den wirklich rasant spannenden Männern gehören. Außerdem müsste ich, um eine glaubhafte Diarrhöe vorzutäuschen, mindestens hundert Milliliter reines Olivenöl (kaltgepresst) auf nüchternen Magen trinken oder mehrere Kilo Sauerkraut vertilgen, damit Darmgeräusche und Flatulenz gewährleistet werden können. Liebe geht zwar angeblich durch den Magen, aber Verführung sieht in meiner Vorstellung eindeutig anders aus!

Krankheiten, die als Symptom Erbrechen beinhalten, wollte ich unbedingt vermeiden. Sie sind zwar leicht herbeizuführen, so etwa durch übermäßigen Alkoholkonsum am Vorabend, gelten aber als hochgradig unattraktiv. Kein Mann dieser Welt, nicht einmal ein Arzt, flirtet gern mit einer Frau, die sich gerade auf sein Klemmbrett übergibt.

Von der Orthopädie, meiner ursprünglichen Überlegung, kam ich auch bald wieder ab, da meine Wirbelsäule ganz normal gebaut war und nicht die Form des Formel-1-Parcours von Monaco vorwies und selbst meine Zehen wie normale Zehen und nicht wie ein orthopädischer Befund aussahen.

Ich grübelte – wie weit würde ich im Notfall gehen? War mir jedes Mittel recht? Würde ich mir den Arm brechen oder die Nase einschlagen lassen, um an mein Ziel zu kommen?

Das hätte natürlich, gerade im letzteren Fall, den enormen Vorteil, einen Schönheitschirurgen kennenzulernen. Ein ästhetisch-plastischer Eingriff hat den erfreulichen Nebeneffekt, dass sich der Einsatz – so oder so – lohnen würde. Bei der Auswahl meines Schönheitschirurgen musste ich jedoch penibel darauf achten, dass er nicht im außereuropäischen Ausland arbeitete oder der betreuende Arzt des Jackson-

Clans war. Es sei denn, man stand auf den gruseligen Look von La Toya, Michael und Janet.

Der entscheidende Nachteil von Operationen im Allgemeinen ist natürlich, dass sie nur wenig gemeinsam verbrachte Zeit, zumindest *bewusst* gemeinsam verbrachte Zeit, beinhalten. Das Flirten kann durch die unangenehme Tatsache beeinflusst werden, dass man im Idealfall während der Operation in Narkose liegt und die darauffolgenden Tage nur sabbernd und vor Schmerzen stöhnend in einem modisch inakzeptablen Krankenhausleibchen verbringt. Den Gang zum Schönheitschirurgen schloss ich deswegen – wenn auch mit einem weinenden Auge – aus.

Vielleicht sollte ich das mit den Operationen ganz bleiben lassen und mich stattdessen auf die Psychotherapeuten konzentrieren. In einer Therapiesitzung sind tiefschürfende Gespräche, ständiger Blickkontakt und – wenn die Übertragung so richtig gut funktioniert – auch Berührungen gang und gäbe. Einen geeigneten Psychoknacks würde ich sicherlich auch schnell finden: Ich könnte über die Macken meines Vaters sprechen. Obwohl, nein, dann würde mein Zukünftiger einen Ödipuskomplex vermuten, das war unsexy. Also besser über die Macken meiner Mutter. Und notfalls über meine eigenen.

Während ich mich immer tiefer in derlei Überlegungen verwob, fand mein zehnjähriges Jubiläum zum Abitur statt. Mit Schrecken stellte ich fest, dass ich seit der Hochschulreife allgemein fünfzehn Kilo schwerer und nur peripher erwachsener geworden war. Einen Freund hatte ich nicht, und das mit dem

Job nach dem Studium sah auch eher düster aus. Mir war aber zu Ohren gekommen, dass einige meiner ehemaligen Schulkameraden Medizin studiert hatten! Also nichts wie hin – schlimmer, als von meinem Vater verkuppelt zu werden, konnte es nicht werden.

Das Abitreffen fand in dem romantischen Ambiente des örtlichen Bierhofs statt. Ich war tief dekolletiert und schon leicht angeschickert, als ich Barbara Schöffelhofer, das Kommunikationszentrum der Stufe und Klatschbase Nr. 1, auf meinen Marshallplan ansprach.

»Ärzte suchst du?«, sagte sie und zog dabei die Augenbrauen in die Höhe. »Alleinstehend als Voraussetzung, oder darf's auch verheiratet sein?«

Ich zögerte. »Pff, ja, also erst mal die Alleinstehenden.«

»Wen hätten wir denn da …« Barbara legte die Stirn in Falten und sah sich im Raum um, der vom lauten Geschwätz der beinahe hundert Personen gefüllt war. »Ach ja! Der Christian Maurer.«

Christian Maurer – na ja. Der wäre ja nicht meine erste Wahl gewesen. In der Schule war der immer so, na ja, wie sagt man da … korrekt. Das war so ein Typ, der nicht die coolen Sneaker, sondern Joggingschuhe zu etwas zu engen Jeans getragen hatte. Barbara deutete in seine Richtung. Okay. Optisch war er definitiv in den Neunzigern hängen geblieben.

»Gibt's noch mehr im Angebot?«, hakte ich nach.

»Der Sebastian König, der ist jetzt Kinderarzt.«

Sebastian König? Kinderarzt? Mich lauste der Affe. Neben Sebastian König hatte nie jemand sitzen wollen, weil er immer so gemüffelt hatte. Sebastian König war der dicke, schlecht gelaunte Junge gewesen, der bis zur 13. Klasse die unteren Stufen im Schulgarten verdroschen hatte. Sebastian König hatte die Schutzgelderpressung erfunden! Und den ließ man jetzt auf Kinder los? Meine Güte.

»Nee, lass mal. War das alles?«

»Timo Habermaß ist Pharmakologe geworden – ist das auch interessant für dich?«

Das wunderte mich jetzt wiederum nicht. Timo Habermaß hatte schon als Fünfzehnjähriger die Stufe mit Stimmungsaufhellern und Opiaten versorgt, denn sein Vater hatte eine Apotheke in der Innenstadt und offensichtlich kein funktionierendes Warenwirtschaftsprogramm gehabt, was den korrekten Ein- und Ausgang von Präparaten dokumentierte.

»Oh, dann hätten wir noch den Markus Doppelreiner. Der ist Frauenarzt.«

Frauenarzt. Na ja. Gott, wenn die Auswahl so beschissen war, dann musste man halt den Spatz in der Hand nehmen, nicht wahr? Markus Doppelreiner sah immerhin nicht schlecht aus. Lediglich die Tatsache, dass er fast den vollständigen weiblichen Teil der Stufe (über den männlichen war mir zumindest nichts bekannt) in seinem Golf Cabrio flachgelegt hatte, gab mir zu denken. Ob daher wohl sein Spezialgebiet rührte?

»Also, als Frauenarzt kann ich den nur empfehlen«, sagte Barbara mit einem Lächeln.

»Als Frauenarzt? Du gehst zu dem?!«

Ich war entsetzt. Gab es etwas Abartigeres, als zu

einem ehemaligen Mitschüler in gynäkologische Behandlung zu gehen und ihm seine empfindlichsten Weichteile ins Gesicht zu strecken? Wollte ich ernsthaft mit Markus Doppelreiner über meine Periodenschmerzen reden? Und fand ich die Vorstellung anziehend, am Abend, wenn mein armer, schwer arbeitender Schatz von seinem harten Tag in der Praxis nach Hause kam, über den Abstrich von Barbara Schöffelhofer zu beraten?

Ich bedankte mich bei Barbara und schloss mit einem energischen gedanklichen Schub die Akte Ärzteliebe. Das war doch krank.

6. Wenn ich mal groß bin

Obwohl ich mich mit meiner Entscheidung, nicht Medizin zu studieren und mir keinen Arzt als Mann an meiner Seite zu suchen, mein Leben lang sehr wohl gefühlt habe, musste ich mich zum Abschluss meines Studiums und gleichzeitigem Beginn meiner Arbeitslosigkeit von meinem Vater fragen lassen, was mich an seinem Beruf so abgeschreckt hat, dass ich stattdessen lieber ein Leben in der diogenesschen Tonne bevorzuge. Die Frage musste ich mir – gerade nach einem Studium, in dem ich das Argumentieren, Reflektieren und Interpretieren von der Pieke auf gelernt hatte – wohl oder übel gefallen lassen.

In den langen Nächten, in denen ich in dieser Zeit in meinem alten Kinderzimmer an die Decke starrte und die dort klebenden, in der Nacht leuchtenden Sterne sah, die mich daran erinnerten, dass ich für derlei Zimmereinrichtung und die Tatsache, wieder im Haus meiner Eltern zu leben, mindestens fünfzehn Jahre zu alt war, dachte ich darüber nach.

Wieso eigentlich nicht selbst Arzt werden? Gut, ich hatte meine eintägigen Kommilitonen in Greifswald bescheuert gefunden. Ich hatte sie als genauso oberflächlich und beschränkt wahrgenommen wie all die Ärzte, die ich aus dem Freundeskreis meiner Eltern kannte. Aber davon einmal abgesehen, wieso war es nie mein Traum gewesen, Menschen zu heilen?

Wenn es nur meine Abscheu gegen das Betatschen von Fremden gewesen wäre, hätte ich ja auch Psychiater werden können. Oder Anästhesist. Weniger Kontakt kann man zum Körper des Menschen fast nicht haben, als wenn man auf der langweiligen Seite des OP-Tuchs sitzt, Kreuzworträtsel löst und ab und an am Lachgashebel dreht.

Was mir aber schon immer nicht an der Vorstellung gefallen hat, Ärztin zu werden, ist die Tatsache, dass Mediziner in der Regel kein Privatleben haben. Und wenn sie doch eines haben, dann verdienen sie schlecht. Obwohl ich zugeben muss, dass »schlecht« in diesem Zusammenhang sehr relativ ist.

Selbst mit dem Zynismus, den der Mediziner in Reinform gern und häufig pflegt, käme ich eigentlich ganz gut klar. Ich habe kein Problem damit, wenn Chirurgen anstelle von »Blutkonserve« vom »Rotwein des Hauses« sprechen oder mir mein Vater, bevor er mir bei einem akuten Migräneanfall eine Infusion legt, wie ein Oberkellner im Restaurant das Etikett des Natriumchloridbeutels zeigt und sagt: »Ein guter Jahrgang.« Im bescheidenen Maße finde ich das sogar lustig – je nachdem, wie hoch mein eigener Leidenfaktor in dem Fall ist. Dass Ärzte hirntote Patienten von Zeit zu Zeit als *Vegetables* bezeichnen, ist moralisch vielleicht etwas fragwürdig, grundsätzlich finde ich es aber wünschenswert, wenn man trotz allem Elend, das man den ganzen Tag sieht (und behandelt), seinen Humor nicht verliert. Klar, der Spruch »Krebs ist eine natürliche Kolonialmacht« darf wirklich nur von Onkologen im Rahmen eines Krebskränzchens mit anderen Kollegen verwendet werden – die wissen immerhin, wovon sie sprechen. Mein Vater, ein Medizyniker par excellence, kann sich königlich über die jährlich verliehenen Darwin Awards amüsieren, bei denen Menschen, die auf besonders dämliche Weise ums Leben gekommen sind, posthum mit einer fragwürdigen Auszeichnung bedacht werden. Er sagt dann immer: »Die Evolution macht halt keine Gefangenen!« Zugegeben, das ist aber auch wirklich komisch. Am mangelnden Humor kann es bei mir also nicht liegen, warum ich mich von Arztpraxen und Kliniken so fern wie möglich halte.

Aber dieser Gottkomplex, mit dem Ärzte immer rumlaufen, diese eigene hochwohlgeborene Meinung, nichts und niemand, nicht einmal der eigene bescheidene Sachverstand, könne einen davon abhalten, immer und überall das Richtige zu tun. Während ich mich seit Anbeginn der Zeit immer wie ein Hochstapler fühle und Angst habe, dass irgendjemand kommt und mir das Abi aberkennt, weil ich in der Bioklausur bei Jan Hofstädter abgeschrieben habe, deswegen nachträglich nicht zum Studium zugelassen werde, mein Hochschulabschluss futsch ist und ich tatsächlich einmal in der Gosse lande (und zwar ohne Ausbildung), reagierte mein Vater auf die Frage, die ich ihm einmal stellte, ob er sich denn noch nie in seinem Leben unsicher gewesen wäre bei dem, was er tue, mit einem profanen: »Nö.«

»Und was ist mit den Patienten, die du falsch behandelt hast? Deren Krankheit du nicht erkannt hast und die deswegen gestorben sind?«

»Also erstens hat jeder Arzt ein paar Leichen im Keller. Das ist die natürliche Auslese.«

Oh mein Gott.

»Und zweitens gehört das dazu, zum Arztberuf. Ein bisschen Schwund ist immer. Glücklicherweise erfährt man ja recht selten davon, wenn man wirklich was verbockt hat. Die meisten Patienten kommen ja auch nicht wieder, um sich zu beschweren.«

Rührt diese leicht fatalistische Weltanschauung daher, dass Ärzte ab und an tatsächlich einem Menschen das Leben retten, zumindest aber Tipps und Kniffe kennen, um den werten Patienten vom Abnippeln abzuhalten?

Ich erinnere mich an einen schönen Tag im vorletzten Sommer, da saßen ich und meine Schwester Anne gerade im Haus meiner Eltern beim Mittagessen, mein Vater war in der Praxis, während meine Mutter uns den neusten Klatsch aus der Nachbarschaft aufbrühte.

Plötzlich hörten wir unten auf der Straße panische Schreie. »Doktor Wittmann! Doktor Wittmann!«

Wir sahen aus dem Fenster hinaus auf die Straße, wo ein Mann auf dem Bürgersteig lag, sein Gesicht dunkelrot angelaufen, seine Beine seltsam zuckend. Eine Frau, vermutlich seine eigene, kniete über ihm und schlug ihm hilflos und verzweifelt gegen die Wangen. Immer wieder sah sie zu unserem Haus rüber und rief den Namen meines Vaters.

Und dann kam er plötzlich. Wie ein geölter Blitz schoss er um die Ecke, raste über die Straße und kam schlitternd neben dem auf dem Boden Liegenden zum Stehen. Er beugte sich über das Gesicht des Mannes, so als wolle er seinen Worten lauschen, dann ballte er eine Faust und schlug ihm mit voller Wucht auf den Brustkorb. Danach legte er seine beiden ineinander verschränkten Hände auf das Brustbein des Patienten und begann zu pumpen.

Meine Schwester, meine Mutter und ich starrten mit offen stehenden Mündern aus dem Fenster.

»Mein Mann«, seufzte meine Mutter, und über ihrem Kopf ploppten einige rosarote Herzchen auf.

Anne blieb bei der Sache und wählte die Nummer vom Notruf. Fünf Minuten später bog der Krankenwagen um die Ecke, und mein Vater durfte endlich vom Brustkorb des in der Zwischenzeit wieder zu Bewusstsein gekommenen Mannes ablassen. Mit durchgeschwitztem Hemd ging Papa auf die zitternde, weinende Frau des Kollabierten zu und redete beruhigend auf sie ein. Als er sie schließlich neben ihrem Mann in die Obhut der Sanitäter übergeben konnte, wirkte er so zufrieden, wie ich ihn noch nie in meinem Leben gesehen habe. Mit breitem Gang und durchgedrücktem Kreuz stiefelte er grinsend die Straße hinunter. Wie ein Cowboy, der gerade das High-Noon-Duell gegen den schleimigen Oberganoven gewonnen und damit den Überfall auf den Geldtransport von Orange County vereitelt hatte! Ich war begeistert, beseelt, der Held da unten war mein Vater! Zur Feier des Tages applaudierten wir frenetisch und spendierten ihm eine La-Ola-Welle.

Es ist also nicht unbedingt falsch, wenn man ab und an einen Arzt in seiner Nähe hat. Für Ärzte selbst gilt das natürlich nicht, denn die sind von anderen Medizinern umgeben und sterben trotzdem am häufigsten an akuter ärztlicher Mangelversorgung. Ich habe von einem Radiologen gehört, der hatte einen handballgroßen Tumor im Dickdarm. Ein Handball. Im Dickdarm. Ich gebe zu, Dick- ist in diesem Fall immer noch besser als Dünndarm, aber ob da wirklich SO viel reinpasst? Was sich wie eine obskure Sexualpraktik anhört, war für den Radiologen fast das Fahrticket mit dem Zug nach Nirgendwo. Was für ein Armutszeugnis! Ein Radiologe. Der ist umgeben von Gerätschaften, die nichts anderes tun, als Tumore, Gerinnsel und Fremdkörper in der sterblichen Hülle von Patienten zu suchen! Es ist vielleicht nicht vergleichbar, aber wenn ich in einem komplizierten Satzbau den Artikel falsch beuge, dann fällt mir das immerhin selbst auf.

Doch auch wenn ich die Sache mit dem Lebenretten auf offener Straße, die Fähigkeit, einen Luftröhrenschnitt zu machen oder ein Kind auf die Welt zu bringen, schon irgendwie bestechend finde, hat es mich doch nie gepackt, die Sache mit den Buchstaben sein zu lassen und auf Spritzen umzusatteln.

Wenn ich an meine Kindheit denke, erinnere ich mich an das Gemaule meiner Eltern über neue Ziffern im Gebührenverzeichnis, die Gesundheitsreform oder eine neue Abrechnungssoftware, Schimpfe auf die Kassenärztliche Vereinigung, faule Patienten und untragbare Arbeitszeiten bei unangebrachter Besoldung. Na gut, das Letzte habe ich dazugedichtet, denn über zu wenig Kohle haben sich meine Eltern wirklich nie beschwert.

Bis auf einen Kinderarztkoffer aus Plastik, einen

Chemiebaukasten und seinen Versuch direkt nach dem Abi hat sich mein Vater eigentlich auch nicht so richtig darum bemüht, mir die Medizin schmackhaft zu machen. Vielleicht dachte er, dass allein der Lebensstil, den er uns geboten hat, ausreiche, um uns Feuer und Flamme für die Möglichkeit werden zu lassen, vierundzwanzig Stunden lang Besoffene in der Notdienstzentrale mit Vomex zu versorgen, Platzwunden zu nähen und in der sprichwörtlichen Scheiße zu graben (und sei es nur im Stuhlgangsbefund), um herauszufinden, woran der Patient leidet.

Das Winken mit dem Gehaltsschein mag vielleicht bei Adoleszenten funktionieren – bei Kindern und Pubertierenden, lassen Sie sich das sagen, funktioniert das nicht. Höchstens bei Erwachsenen oder erwachsenen Arbeitslosen, so wie ich gerade eine war. Eine Zehnjährige macht sich, im Gegensatz zu mir, die ich in der nicht beneidenswerten Situation steckte, meinem Vater und seinen Vorwürfen mit meiner »momentanen und garantiert befristeten Beschäftigungslosigkeit« knallhart in die Karten zu spielen, gar keine Gedanken über private Altersvorsorge und einen Beruf, mit dem man kiloweise Renommee nach Hause fährt. Eine Zehnjährige macht sich Gedanken darüber, welcher Beruf ihr Spaß machen könnte, und in dieser Zeit meines Lebens standen bei mir Pferdewirtin, Frisöse oder Enthüllungsjournalistin ganz hoch im Kurs. Neun Jahre später, mit Erlangung des Abiturs, hatten sich nur die konkreten Berufswünsche geändert, die Geisteshaltung blieb dieselbe: Ich wurde den lieben langen Tag zur Individualität erzogen. Ich konnte mir gar nicht leisten, denselben Beruf wie meine Eltern zu ergreifen, das wäre maßlos uncool gewesen. Außerdem konnte ich die Leier, dass wir alle ohnehin keine Rente mehr bekämen und niemals Geld verdienen würden, vorwärts und rückwärts aufsagen, daher war es auch egal, was ich werden würde. Hauptsache, es machte Spaß und ich hielt es in dem Job ein paar Jahre aus.

Ob mein Vater viel Freude als niedergelassener Hausarzt hat, weiß ich nicht mit Gewissheit. Sicher ist die Frage nach dem Spaßfaktor etwas weniger wichtig, wenn man im Jahr sechsstellige Beträge einfährt. Geld verdienen macht Spaß. Und als Arzt verdient man viel Geld. Also musste Arzt sein Spaß machen. Jedenfalls hat es genau bis zu dem Tag Spaß gemacht, an dem Horst Seehofer die Rechte und Abrechnungspraktiken der Ärzte so massiv stutzte, dass Arzt sein auf einmal nicht mehr ganz so lukrativ war wie ein paar Jahre zuvor und urplötzlich – Überraschung! – nicht einmal mehr meinem Vater besonderen Spaß machte.

Diese Einschränkungen und auch die lautstarken Beschwerden meines Vaters am Mittagstisch waren neben dem ansonsten eher bescheiden ausfallenden Versuch, mich für Medizin zu begeistern, sicherlich nicht ganz unbeteiligt daran, dass sich von drei Töchtern null Töchter für ein Medizinstudium entschieden.

Meinem Vater fiel das spätestens dann auf, als ich mit dem Magisterzeugnis wedelnd wieder zu Hause einzog.

»Germanistik? Und was macht man da?«

Bis heute habe ich keine Antwort finden können,

die meinen Vater zufriedenstellt. Nicht mal der Hinweis, dass er selbst jeden Morgen Zeitung liest, kann ihn besänftigen. Erst als ich ihm erzählte, dass ich ein Buch veröffentlichen würde (und verheimlichte, dass es von ihm handelt), und ihm einen Mann präsentierte, der fast so viel Geld verdient wie er selbst in den Goldenen Achtzigern und dazu nicht über die Sozialkompetenz eines Regenschirms verfügt, entspannte er sich ein wenig.

»Jetzt ist wenigstens einer da, der dich versorgt«, sagte er circa ein halbes Jahr, nachdem ich Daniel kennengelernt und für bekloppt genug befunden hatte, um ihn meiner Familie vorzustellen.

Kurz zögerte ich. War das der richtige Zeitpunkt, um meinem Vater zu sagen, dass ich nicht im Traum daran dachte, mir jemals von einem Mann die Miete zahlen zu lassen? Außer natürlich von ihm selbst … aber er zählte in dem Fall nicht.

Erwachsen werden heißt, Dinge so sein zu lassen, wie sie sind, dachte ich und beschloss, an diesem Tag zum ersten Mal, den Widerspruch runterzuschlucken und meinen Vater damit in dem Glauben zu lassen, ich sei gut versorgt.

Aber eines wusste ich jetzt sicher: Meinen Kindern werde ich vorlesen, und zwar vom ersten Tag an. Ich werde die Lautsprecherboxen an meinen dicken runden Bauch halten und sie mit Dostojewski und Astrid Lindgren und Paul Auster volldröhnen. Sie werden wissen, was eine Partizipialkonstruktion ist, bevor sie sich die Schuhe zubinden können. Ich darf kein Risiko eingehen – am Ende werden sie noch Arzt.

7. Ich hab da mal 'ne Frage

Mein Vater ist immer auf Arbeit. Bei dem gibt es keinen Feierabend, bei dem gibt es höchstens Öffnungszeiten. Aber selbst wenn seine Praxis geschlossen ist, schiebt er Dienst, besonders dann, wenn Freunde oder Bekannte meiner Eltern oder von uns Töchtern zu Besuch kommen und am Esstisch die unappetitlichen Details ihrer maladen Innereien vor uns ausbreiten.

»Ich hab da mal 'ne Frage …«

Mit diesem Satz beginnen Geschichten des Grauens. Sie sind der verharmlosende Prolog einer garantiert stinklangweiligen, hochnotpeinlichen und viel zu indiskreten Darlegung aller Ausflüsse, Absonderungen und Besonderheiten, die der gebrechliche Körper des befreundeten Individuums hervorbringen kann.

»Ist es normal, wenn beim Pinkeln Blut kommt?«

Nein, das ist es nicht. Dafür musst du auch nicht meinen Vater um Rat fragen, das kann ich dir sagen.

»In letzter Zeit zwickt's bei mir immer so, wenn ich mich bücke.«

Dann bück dich nicht mehr.

»Manchmal, wenn ich was gegessen habe, bekomm ich ganz schlimmes Sodbrennen. Kann das vielleicht ein Magengeschwür sein?«

Magen – nein, Geschwür – ja, aber eher im Hirn, aber das ist nur meine Meinung.

Während ich bei derlei medizinischem Geplänkel recht schnell zur Ungeduld neige und mein Unbehagen über die eingewachsenen Zehennägel, die Farbe und Konsistenz des aus der Nase Ausgerotzten oder die Strahlstärke des Morgenurins meiner mich bei meinen Eltern besuchenden Freunde nur schwer verbergen kann, stellt mein Vater ausnahmslos immer unter Beweis, dass sich Ärzte in einer Art Vierundzwanzigstunden-Behandlungsdauerschleife befinden. Ein Leben lang. Bei Tag und bei Nacht. Einfach immer.

Er ist sich nie zu schade, den eitrigen Ausfluss am aufgeschürften Knie einer Freundin zu untersuchen, selbst wenn er gerade, in ein Sultanskostüm gekleidet, auf dem Weg zur Fastnacht ist und meine Mutter ungeduldig mit dem Schleier winkt. Er nimmt sich immer Zeit, einhändig die pfirsichgroß geschwollenen Lymphknoten meines Freundes abzutasten, selbst wenn er mit der linken Hand den kalten Rest seiner bereits zum zweiten Mal aufgewärmten Lasagne in sich hineinschaufelt. Und selbst bei Grillpartys im Garten referiert er in einer stoischen Gelassenheit, ach was, Heiterkeit über die Vor- und Nachteile künstlicher Hüftgelenke inklusive dazugehöriger Operation. Oder schneidet zwischen Vorspeise und Hauptgang mal eben einen mächtig geschwollenen Abszess am Kinn seines Tischnachbarn auf und äußert sich danach bedauernd über den doch recht mangelhaften Eiterabfluss.

Mein Vater ist immer im Dienst.

Bei meinem Freund ist das ähnlich. Und der ist

noch nicht mal Arzt. Der ist ITler. Und hat aber so rein gar nichts mit Microsoft zu tun. Trotzdem wird er alle naselang von Freunden, Bekannten, manchmal sogar Fremden angequatscht.

»Immer wenn ich den Rechner hochfahre, kommt so 'ne Fehlermeldung ...«

»Seit ich auf das neue Modem umgestellt habe, funktioniert Java nicht mehr richtig – weißt du, warum?«

»Mein USB-Stick wird von meinem Rechner nicht mehr erkannt.«

Oder, ganz beliebt und ausnahmslos immer von meinem Vater kommend: »Ich kann nicht mehr ins Internet!«

Dann mein Freund (sehr gelassen): »Dann hast du das Internet kaputt gemacht.«

Mein Vater: »Ach Quatsch!« (Aber tief im Inneren, das weiß ich, hält er diese Möglichkeit für realistisch – immerhin ist er Arzt, und Ärzte können alles, sogar das Internet kaputt machen!)

Und dann fährt mein gelassener Freund zu meinem aufgeregt auf der Stelle hüpfenden Vater (»Das ist gaaaanz wichtig, dass ich diese E-Mail an die KV heute noch verschicke!«) und stellt nach dreißig Sekunden fest, dass Papa nur an den Einstellungen herumgespielt und die Ansicht vom Browser verändert hat.

Diagnose: DAU (Dümmster Anzunehmender User).

Behandlung: Computerverbot.

Patient: Selig.

Na gut, ich gebe es zu. Ich bin neidisch. Auf meinen Freund, vor allem aber auf meinen Vater. Mich fragt nie, wirklich nie, nie, nie jemand um Rat. Also beruflich. Von mir wollen alle immer so Frauenratschläge (»Wie soll ich mit ihm Schluss machen?«, »Was schenk ich ihr zum Jahrestag?«, »Welche o.b.s sind die besten?«), aber mich hat in meinem ganzen Leben noch niemand gefragt, ob man nun zwischen entweder und oder ein Komma schreibt oder nicht. Keine Sau will von mir wissen, warum der Dativ dem Genitiv sein Tod ist, warum selbstständig seit ein paar Jahren mit Doppel-st geschrieben wird oder wie nun die grammatikalisch richtige Vergangenheitsform von »backen« heißt (und zumindest Letzteres könnte ich beantworten). Noch nie hat bei mir jemand nachts um drei angerufen und geklagt: »Das mit dem erweiterten Infinitiv raubt mir einfach den Schlaf, ich weiß nicht, was ich tun soll. Kannst du mir helfen?«

Ich bin neidisch, weil mein Beruf mich nicht in den Genuss bringt, anderen Leuten kostenlos und aus lauter Freundschaft die Haare zu schneiden, den Keilriemen zu wechseln oder zumindest dem Vermieter einen hasserfüllten Brief wegen der vollkommen überzogenen Heizkostenabrechnung zu schreiben. Ich kann anderen Leuten keine Steuererklärung machen, kein Haus bauen und kein kleines Einmaleins beibringen. Ich kann mit meiner Ausbildung weder den Satz des Pythagoras noch das Raum-Zeit-Kontinuum erklären. Ich kann niemandem meine Hilfe anbieten, es sei denn, er weiß nicht, ob in der wörtlichen Rede das Komma vor oder nach den Gänsefüßchen kommt.

Der einzige praktische Vorzug, den mein beknackter Beruf mit sich bringt, ist, dass ich bei Wissensspielen in der Kategorie »Literatur« immer als Joker genommen werde – aber das war's dann auch schon, denn in der Kategorie »Körper & Medizin« habe ich gegen einen Großteil meiner Familie keine Chance.

Und das, und davon bin ich absolut überzeugt, ist auch der Grund, warum sich mein Jahreseinkommen immer noch im vierstelligen Bereich aufhält, während Steuerberater, IT-Consultants, Rechtsanwälte, Ingenieure und vor allem Ärzte zum Sahnetopping unserer bürgerlichen Gesellschaftspyramide gehören, und ich am unteren Ende der Nahrungskette herumkrebse und nach meinen falsch gesetzten Konjunktiven suche. Erbärmlich!

8. Dr. No

Die Grundregel Nr. 1, die man als Ärztekind lernt, besagt: Alles ist immer für irgendetwas gut. Blut reinigt die Wunde. Eine überstandene Grippe schafft Abwehrzellen gegen die nächste Infektion. Und Fieber zeigt an, dass sich der Körper selbst hilft. Hat man Schmerzen, dann hat man irgendwas falsch gemacht, zumindest im Kopf, weil man die Heilungskräfte des eigenen Körpers nicht zu würdigen weiß.

In meiner Familie hat diese Einstellung einen recht seltsamen Umgang mit eigenen Krankheiten hervorgebracht. Mal ganz davon abgesehen, dass niemand von uns jemals auf die Idee käme, krankzumachen, also absichtlich mit einem leichten Kratzen im Hals auf Lungenentzündung zu plädieren und sich eine vierwöchige Reha an der Ostsee verschreiben zu lassen, machen wir noch nicht mal dann krank, wenn wir wirklich krank sind. Bei meiner Schwester Anne führte das dazu, dass sie sogar mal der Schule verwiesen wurde – da war sie allerdings schon Lehrerin und hatte hochansteckenden Scharlach, was sie in den ersten Tagen jedoch als »kleine Erkältung« abtat und unbeirrt ihren Dienst am Schüler antrat.

Wenn meine Mutter wie ich des Nachts von heimtückischen Migräneattacken heimgesucht wird, schmeißt sie sich im Halbschlaf ein Medikament ein, stellt den Wecker um eine Stunde später und schreibt eine SMS an ihre Kolleginnen, sie käme erst gegen neun, ob denn bitte jemand ihren ersten Patienten übernehmen könnte.

Das muss man sich mal vorstellen. Wo andere wegen ein bisschen Kopf- und Gliederschmerzen gleich zu Hause bleiben, schleppen wir unsere virusverseuchten und schmerzgeplagten Körper zu unserer Arbeit, komme, was wolle.

Auslöser dieses Verhaltens ist sicherlich die unfassbare Gleichgültigkeit, die mein Vater eigenen Krankheiten gegenüber an den Tag legt. Ohnehin habe ich nur sehr selten mitbekommen, dass er krank ist – zum einen, weil er es fachmännisch vertuscht, zum anderen, weil er über ein gigantisches Immunsystem verfügen muss, an dem alle Bakterien, Viren und Erreger einfach so abprallen. Und natürlich liegt es auch an seinem extrem niedrigen Leidenfaktor und einer geradezu übermenschlichen Schmerzresistenz.

Mein Vater, das muss ich neidvoll anerkennen, ist besonders hart im Nehmen. Wenn er am Montagmorgen nach einem Vierundzwanzigstundendienst in der Notfalldienstzentrale nach Hause kommt, bringt er immer frische Brötchen mit, frühstückt in aller Seelenruhe mit meiner Mutter, springt unter die Dusche und begibt sich dann in die Praxis hinunter, um dort bis halb acht am Abend zu behandeln. Ohne zu murren. Ohne zu jammern. Nie dringt auch nur ein einziges Wort der Klage über seine Lippen.

Als er sich einmal tatsächlich eine Angina einfing und die augenscheinlichen Symptome nicht länger ignorieren konnte, brachte er seine Vormittagssprechstunde mit 39 Grad Fieber und glasigen Augen zu Ende. Dann war zum Glück Mittagspause, also hatte Papa genügend Zeit, sich einen kleinen Medikamentencocktail zu spritzen, sich zwei Stunden auf dem Sofa im Wohnzimmer auszuruhen und nach einem kleinen Tellerchen Hühnerbrühe und mit einem modischen Mundschutz versehen gestärkt in die zweite Runde zu starten.

In unserem Ferienhaus, über das eigentlich jeder niedergelassene Arzt verfügen sollte, der die Achtzigerjahre nicht komplett verpennt hat, hat er sich einmal an einer scharfen Glaskante geschnitten. Am Schienbein. Blöde Stelle: blutet wie Sau und tut höllisch weh. Für den »normalen« Menschen. Mein Vater hatte keine Lust, den Weg ins nächstliegende Krankenhaus anzutreten, und außerdem hat er praktischerweise in jedem seiner Domizile ein Nahtbesteck deponiert. Gut, das, was er in unserem Ferienhaus zu diesem Zeitpunkt vorfand, lag dort schon seit ein paar Jahren, aber es war originalverpackt und schien steril, und damit war Papa bestens für den Einsatz am eigenen Schienbein ausgerüstet.

Er bat meine Mutter, die Wunde zu nähen. Die zeigte ihm einen Vogel. Wir Kinder waren in diesem Urlaub zum Glück nicht mehr dabei. Also musste er selbst ran. Unglücklicherweise hatte er vergessen, in unserem Ferienhaus ein Anästhetikum zu deponieren. So was Blödes. Und ein steriles Instrument, mit dem er den Faden halten konnte, war auch nicht zu finden. Da mein Vater aber erfinderisch ist, ließ er in alter *MacGyver*-Manier von meiner Mutter eine

Kneifzange aus dem Werkzeugkoffer sterilisieren (zumindest so weit, wie es ein heißes Wasserbad und die anschließende Feuerzeugbehandlung vermögen) und legte los. Sechs Stiche, ohne Betäubung. Als ich von dieser Geschichte hörte, blieb selbst mir ein unflätiger Kommentar im Mund stecken.

Weil mein Vater so ein harter Typ ist, haben wir Kinder es bei ihm nicht leicht. Dass ich seit Jahren rauche, ist ihm natürlich ein Dorn im Auge. Er hat mich sogar einmal darum gebeten, das Qualmen vor unserer Haustür zu unterlassen, immerhin sei er unter anderem auf Nikotinentwöhnung spezialisiert und könne sich nicht leisten, als schlechte Werbung seine eigene Tochter vor der Haustür quarzen zu lassen. Ich rauche seitdem immer heimlich im Garten. Als ich ihn Jahre später darum bat, bei ihm zwecks Rauchentwöhnung in Behandlung gehen zu dürfen, sagte er nur: »So ein Quatsch. Das schaffst du auch locker ohne. Alles eine Frage des Willens.«

Mein Wille war offensichtlich nicht stark genug, denn ich rauche immer noch. Von meinem Vater kann ich meine phasenweise auftauchende Lethargie also nicht haben. Seitdem ich denken kann, werde ich von meinen Eltern mit Sprüchen wie »Ihr müsst auch mal was durchziehen!«, »Das Leben ist kein Wunschkonzert!« oder »Wenn wir das immer so lasch angegangen wären wie ihr …« anhören. Ich habe, seitdem ich denken kann, panische Angst davor, irgendetwas, sei es ein Praktikum, eine Beziehung oder eine angefangene Ausbildung, vorzeitig abzubrechen, weil ich dann immer mit dem Vorwurf konfrontiert werde, ich würde nie was durchziehen. Und mein »abgebrochenes« Medizinstudium (wie kann man etwas abbrechen, das man nie begonnen hat, frage ich mich) war wie ein ewig sprudelnder Quell des Vorwurfsflusses, der die elterlichen Mühlenräder in Bewegung hielt.

Na gut, ich will ehrlich sein. Es gab einen Moment, da brach das mühsam errichtete Kartenhaus der Selbstdisziplin, das mein Vater in jahrelanger Arbeit errichtet hatte, zumindest etagenweise in sich zusammen.

Ich war sechzehn und seit gerade einer Woche bei einem großen Automobilhersteller in der Nähe angestellt. Ein klassischer beschissener Ferienjob. Es waren Sommerferien, draußen herrschten 30 Grad, in der Werkshalle 40, meine Freunde gingen ins Schwimmbad, ich sortierte Schrauben für den nächsten Produktionsschritt vor und fragte mich jede einzelne beschissene Minute meiner Schicht, wie ich auf die Idee gekommen war, die kompletten Ferien über am Band stehen und arbeiten zu wollen. Gut, die knapp zweitausend Mark, die mir nach den Ferien winkten, waren verlockend gewesen. Aber schon nach drei Tagen Arbeit war ich am Ende, meine Knochen knirschten, mein Schädel dröhnte, und meine Laune war im Keller.

Ich verkündete meinen Eltern, dass ich gedachte, die freiwillige Werksarbeit nach nur zwei Wochen zu beenden, denn unter diesen menschenunwürdigen Bedingungen könnte niemand und vor allem nicht ich länger als vierzehn Tage malochen.

»Menschenunwürdige Bedingungen?«, echauffierte sich mein Vater. »Es gibt Leute, die machen das ihr Leben lang!«

»Dann gehöre ich eben nicht zu diesen Leuten«, konterte ich schmallippig. Ich hatte ja nicht erwartet, dass er begeistert sein würde.

»Zieh doch mal was durch!«, legte er nach. »Nie bringst du was zu Ende. Immer brichst du vorher ab. Ich hab das nie gemacht! Von mir könnt ihr das also nicht haben.«

Er sah herausfordernd meine Mutter an.

Die erwiderte verständlicherweise reichlich angefressen seinen Blick.

»Was soll denn das jetzt heißen? Die schlechten Eigenschaften haben sie von mir, die guten von dir, oder was?«

»Na ja«, sagte mein Vater generös, »nicht nur.«

Da platzte meiner Mutter der Kragen.

»Fritz, jetzt will ich dir mal was sagen! Du hast selbst nicht alles durchgezogen in deinem Leben, also tu bitte nicht so! Und hör auf, das immer von mir und den Mädchen zu erwarten.«

Mein Vater schwieg beleidigt, ich jedoch hatte Blut geleckt.

»Wieso? Was hat Papa denn nicht durchgezogen?«

»Gerdi!«, sagte mein Vater warnend, aber da war es schon zu spät.

Meine Mutter grinste. »Die Doktorarbeit?«

Wie? Wieso? Doktorarbeit?

»Aber wie soll das denn gehen?«, hakte ich nach. »Ohne Doktorarbeit kriegt man doch gar keinen Doktortitel.«

Schweigen. Niemand sagte etwas. Nur meine Mutter grinste breit und kicherte. »Ups.«

Papa lief ein bisschen rot an vor Wut, fasste sich aber schnell wieder und begann mit dem jämmerlichen Versuch, sich aus der Sache rauszureden: »Als ich nach meinem Studium im Krankenhaus anfing, kamst du ja schon auf die Welt – da hatte ich keine Zeit mehr, die Arbeit fertig zu schreiben. Und dann kamen die beiden Kleinen, wir zogen um, und ich eröffnete die Praxis. In den ersten Jahren habe ich ja so viel gearbeitet, damit es euch gut geht ...« An dieser Stelle zog meine Mutter die Augenbrauen in die Höhe und ließ eine Ladung Luft aus den Backen strömen. »... und dann ist plötzlich mein Doktorvater gestorben – was sollte ich da machen? Fünfzehn Jahre raus aus der Uni, wer hätte meine Arbeit denn noch angenommen?«

»Mal ganz davon abgesehen«, fügte Mama süffisant hinzu, »dass die Arbeit zu dem Zeitpunkt schon gar nicht mehr durch die Ethikkommission gegangen wäre.« Und an mich gewandt flüsterte sie: »Papa hat Medikamente an Patienten getestet!«

»Und an mir selbst!«, sagte mein Vater, und in seiner Stimme klang wieder ein wenig Stolz mit.

»Ja, aber ...« Ich war verwirrt. Konnte man ohne Doktortitel Arzt sein? Und wo kamen die ganzen Doktortitel her, die überall in der Praxis auf an meinen Vater adressierten Briefen und Werbegeschenken prangten?

»Als praktizierender Arzt braucht man keinen Doktortitel«, erklärte mein Vater. »Und wenn mir die

Pharmaindustrie ein Praxisschild schenkt, das ich am Tor aufhängen kann, soll ich das dann wirklich zurückgeben, weil da ein Dr. zu viel ist?«

»Lieber ein Dr. zu viel als ein Dr. zu wenig, nicht wahr?«, knurrte ich.

Wahnsinn. Mein Vater war ein Hochstapler! Also genau genommen ja nicht, aber zumindest mir gegenüber. Jahrelang hatte er sich als Mr. Ich-zieh-alles-durch-auch-wenn's-blutet aufgespielt, und jetzt stolperte ich über so etwas Lächerliches wie eine nicht abgeschlossene Doktorarbeit? Papa hatte etwas NICHT durchgezogen? Na, wenn das keine Steilvorlage war.

»Also, wenn das so ist«, sagte ich und konnte mir ein Grinsen nicht verkneifen, »dann werde ich meinen Ferienjob schon am Ende der Woche kündigen. Was du mit deinem Schummel cum laude kannst, kann ich ja wohl schon lange!«

Und zum ersten Mal in meinem Leben fehlte meinem Vater offensichtlich nicht nur der Doktortitel, sondern auch die Worte.

9. Probesterben

Ärzte haben ein sehr eigenwilliges Verhältnis zum Tod. Wahrscheinlich sind sie auf ihrem langen, leichengesäumten Karriereweg einfach schon so vielen Toten begegnet, dass es auf den ein oder anderen mehr oder weniger nicht ankommt.

Dass es mit der Pietät in einer Arztfamilie nicht so weit her ist, habe ich spätestens an dem Tag gemerkt, an dem uns die Oberkrankenschwester der Intensivstation, auf der mein letzter verbliebener Opa nach seinem dritten Schlaganfall lag, anrief, um uns zu sagen, dass es mit ihm zu Ende gehe.

Tief betrübt packten wir uns ins Auto und fuhren ins Krankenhaus. Opa lag da, bewusstlos, in seinem Körper steckten unzählige Schläuche. Neben ihm standen furchteinflößende Apparaturen, die blinkten, piepten und summten. Wir reihten uns um Opas Bett auf, die Köpfe gesenkt, die Schultern nach unten hängend, und schwiegen. Die Stille wurde nur von dem rhythmischen Brummen des Beatmungsgeräts unterbrochen, das über eine Gesichtsmaske Luft in Opas Lungen schickte.

Das sah wirklich nicht gut aus.

Juliane, die immer das Opakind gewesen war, heulte leise in ihren Schal. Anne drückte sich nah an Mama ran, ich stand neben meinem Vater und untersuchte die Struktur meiner Winterstiefel. Seltsam, wenn man so um ein Bett herumstand, in dem ein Mensch demnächst sterben würde. Mensch, was sag ich – jemand aus meiner Familie! Ich konnte nicht anders, auch mir zog es Minute um Minute, die wir neben Opa standen und ihm beim unselbstständigen Atmen zuhörten, die Kehle zu.

»Der Tod kann auch Erlösung sein«, sagte mein Vater plötzlich nachdenklich in die Stille.

Juliane sah auf, ein Tränenschleier verhängte ihren Blick. »Du bist so …« Sie verstummte, bevor sie beleidigend wurde.

»Wieso? Ich mein ja bloß!«, verteidigte sich mein Vater.

»Pst«, machte Mama und trat zu Opa ans Bett. Ihrem Gesicht konnte ich ablesen, wie sehr sie sich gerade zusammenriss. Es tröstete mich, dass, wenn mein Vater schon so ein Stoffel war, wenigstens meine Mutter mit uns auf einer Seite stand (hier stimmte wenigstens einmal das »ihr«) und mit uns trauerte. Mein Vater hatte auch leicht reden – der war seit einem Vierteljahrhundert Vollwaise. Mama hingegen hatte vor vier Jahren erst ihre Mutter zu Grabe getragen, und jetzt schien Opa auf direktem Weg hinterherzueilen.

Meine Mutter sah mit einem liebevollen Blick auf ihren Vater herab, dann straffte sie die Schultern.

»Die Beatmungsmaske sitzt ja ganz schief.« Sie beugte sich schniefend über sein Gesicht. »Komm mal her, Opa, das richten wir wieder.«

Ich beobachtete, wie sie nach der Maske griff und versuchte, sie in die richtige Position zu bringen.

Dann hörte man ein Zischen.

»Was ist jetzt passiert?«, fragte Juliane, die sich mit einem Taschentuch gerade die Tränen aus den Augenwinkeln tupfte.

»Ich weiß nicht«, sagte meine Mutter und trat einen Schritt vom Bett weg. »Ich war's jedenfalls nicht.«

»Von wegen«, sagte meine Schwester und riss die Augen weit auf.

Die Beatmungsmaske saß jetzt ordnungsgemäß und gerade auf Opas Gesicht. Nur leider hatte Mama durch ihre Aktion den Unterdruck der Maske zunichtegemacht. Das Ergebnis war, dass die Luft jetzt nicht mehr in Opas Lunge rauschte, sondern lautstark neben der Beatmungsmaske vorbei ins Krankenzimmer entwich.

»Was hast du gemacht?!« Die Panik in Julianes Stimme ließ auch mich für einen Moment nervös werden.

»Ich habe nichts gemacht!«, verteidigte sich meine Mutter. In einer viel zu hohen Tonlage. Und alles andere als glaubwürdig.

Mama wandte sich meinem Vater zu. »Fritz, mach das mal wieder richtig!«

Der hob hilflos die Hände. »Wieso denn ich?«

Jetzt mischte ich mich ein. »Wer denn sonst?!«

Anne und Juliane grunzten zustimmend.

Papa gab sich geschlagen und trat ans Bett. Mit einem beherzten Griff zog er die Beatmungsmaske von Opas Gesicht.

Das Gerät, das meinen Großvater bis zur verhängnisvollen Korrektur meiner Mutter beatmet hatte, fing an zu piepen.

»Wieso piept das?«, wollte Anne wissen und wurde von einer Sekunde auf die andere aschfahl.

»Papa, wieso PIEPT das?!«, rief nun auch Juliane geradezu hysterisch.

Das Beatmungsgerät beantwortete Julianes Frage, indem es zu einem noch höheren Piepen in noch kürzeren Abständen ansetzte.

»Oh Gott!«, rief meine Mutter.

»Jetzt werdet bloß nicht panisch!«, befahl Papa.

»Wieso sprichst du uns schon wieder alle an?«, fragte ich, aber von mir nahm niemand Notiz.

»Das kann doch wirklich nicht so schwer sein!«

»Jemand muss einen Arzt rufen«, krächzte meine Mutter.

»Äh …«, traute ich mich zu sagen, doch mein Vater entsandte einen vernichtenden Blick in meine Richtung.

»Sag jetzt bloß nix, Caro!«

»Soll ich einen Arzt holen?«, fragte Anne mit zittriger Stimme. »Ich meine, einen echten?«

»Was soll denn das jetzt heißen?!«, polterte mein Vater, der nach wie vor (und wie ich mit einer gewissen Genugtuung sah: mit immer nervöser werdenden Bewegungen) versuchte, Opa die Beatmungsmaske wieder aufs Gesicht zu drücken.

Die Beatmungsmaschine löste mit einem infernalischen Klingeln den Alarm aus.

»Vielleicht muss ich nur fester drücken«, schlug sich Papa selbst vor.

Täuschte ich mich, oder nahm Opas Gesicht eine leicht bläuliche Färbung an?

»Du erstickst ihn doch!«, schrie Mama.

»Wie soll ich ihn denn ersticken, er erstickt ja von ganz alleine!«

Juliane stürzte an Opas Bett, nahm seine Hand und fing hemmungslos an zu flennen. »Ihr habt ihn umgebracht!«

»Ist er tot?« Anne kam ebenfalls näher.

»Nein, er ist nicht tot, verdammt, aber dieses blöde Ding … ich krieg das einfach nicht … Herrschaft!«

Als ich sah, wie Papa mit nahezu verzweifelter Gewalt und Schweißtropfen auf der Stirn die Beatmungsmaske auf Opas Gesicht presste, beschloss ich, dem Trauerspiel ein Ende zu setzen. Nein, nicht so, wie Sie jetzt denken. Ich wollte Opa retten und mich nicht in die blutrünstige Gesellschaft meiner Familie begeben. Also rannte ich aus dem Zimmer und in die Arme eines Krankenpflegers.

»Der Alarm ist losgegangen – was ist passiert?«, fragte er mich, schien aber die Ruhe wegzuhaben.

»Öhm …« Für meine Verhältnisse erstaunlich mundfaul entschied ich mich dafür, die Klappe zu halten. Ich glaube, als Blutsverwandte verfüge ich über ein Aussageverweigerungsrecht, wenn die eigenen malignen Angehörigen gerade den letzten verbliebenen Großelternteil um die Ecke brachten, oder?

Der Krankenpfleger drängelte sich an mir vorbei ins Zimmer, wo meine Familie immer noch um das Bett von Opa herumstand. Mein Vater hatte den Staffelstab an meine Mutter abgegeben und inspizierte feige die Krankenakte von Opa, während Mama, mit hektischen roten Flecken im Gesicht, die Maske auf

Opas Gesicht drückte. Anne und Juliane standen zu je einer Seite des Bettes, hielten Opas Hände mit den langen Schläuchen dran, durch die geheimnisvolle Flüssigkeiten in seinen Körper hineintropften, und heulten Rotz und Wasser. Ein Bild für Götter.

»Wenn ich die Herrschaften dann zur Seite bitten dürfte«, witzelte der Pfleger und verscheuchte die Meute vom Bett. Dann drückte er auf zwei Knöpfe der Beatmungsmaschine, die augenblicklich das Piepsen und Röcheln einstellte, griff nach der Beatmungsmaske und setzte sie Opa ordnungsgemäß schief wieder aufs Gesicht.

»Die hält nur schief«, sagte er trocken.

Andächtig, und auch ein wenig zerknirscht, lauschten wir dem rhythmischen Saugen und Pusten der Maschine. Nach wenigen Sekunden nahm Opas Gesicht wieder eine normale Färbung an, und Papa legte die Krankenakte beiseite. Gefahr erkannt, Gefahr gebannt. So heilt man heute.

»Herr Dr. Wittmann …«, setzte der Krankenpfleger an.

»Nur Wittmann«, bemerkte ich, und mein Vater bedachte mich mit einem Blick, der die Toten hätte auferstehen lassen.

Wenn denn jemand tot gewesen wäre. Oder zumindest gestorben. Aber niemand, nicht einmal mein Opa, machte sich in den kommenden Tagen die Mühe. Nach einer Woche, in der er immer noch nicht gestorben war, wurde er auf die Geriatrie verlegt. Putzmunter und in bester Stimmung. Wie sagt man doch so schön? Totgeglaubte leben länger.

Zwei Jahre später starb Opa dann tatsächlich – ganz friedlich bei sich zu Hause im Bett und ganz ohne Beatmungsmaske oder die freundliche Unterstützung von seiner Tochter und seinem Schwiegersohn. Bei der Beerdigung liefen alle gebückt und traurig hinter dem Pfarrer mit der Urne in der Hand zum Grab, meine Eltern direkt vor uns.

Da höre ich meine Mutter tuscheln: »Schatz, jetzt sitzen wir in der sprichwörtlichen ersten Reihe!«

Leider kann meine Mutter nicht so gut tuscheln, und das Kichern meines Vaters war auch nicht zu überhören, denn der Pfarrer drehte sich zu ihnen um, und ich bin mir bis heute sicher, dass er kurz davor war, ihnen seine Weihrauchglocke an die zusammengesteckten Köpfe zu schlagen.

Mit dem Tod können meine Eltern gar nicht gut umgehen – oder deutlicher gesagt: überhaupt nicht. Als sie vor ein paar Jahren erfuhren, dass in der Nachbarschaft ein ehemaliger Patient meines Vaters überraschend den Folgen eines Hirnschlags erlegen war, zuckte mein Vater nur resigniert mit den Schultern und sagte: »Das hätte ich ihm gleich sagen können. Aber er musste ja unbedingt den Arzt wechseln.«

Dann fiel ihm etwas ein. »Du, sag mal, Gerdi«, wandte er sich an meine Mutter, »gehörte dem nicht das hübsche Eckhaus an der Straße? Das aus dem gelben Sandstein?«

Meine Mutter blinzelte ihm zu. Und war einen Tag später bei der an MS erkrankten Witwe im Krankhaus, um ihr ihre Aufwartung zu machen, ihr Beileid auszusprechen und ganz zufällig mal nachzufragen, was nun aus dem hübschen Häuschen aus gelbem Sandstein werden würde.

Das Haus ging an die Bank, und meinen Eltern blieb eine glorreiche Zukunft als zweifache Hausbesitzer verwehrt. Keinfache Hausbesitzer, um genau zu sein, denn das Haus, in dem ich aufgewachsen bin, in dem meine Eltern leben, gehörte ihnen bis vor ein paar Jahren gar nicht, sondern meiner alten Erbtante Erika.

Tante Erika war, Gott hab sie selig, ein richtiges Miststück. Sie lebte in Köln in einer schicken Penthauswohnung im siebten Stock eines schicken Hochhauses im besten Bezirk, war ihr Leben lang alleinstehend und arbeitete lange Zeit als Pressereferentin des Aachener Bischofs. Sie war Trägerin des Bundesverdienstkreuzes und ein echtes Ekel. Erika war geizig. Das äußerte sich unter anderem in ihren überaus reizenden Weihnachtsgeschenken, die sie mir jedes Jahr in einem bereits mehrfach abgestempelten, zerrissenen und wieder zusammengeklebten Umschlag zukommen ließ: alte UNICEF-Kalender vom Vorjahr.

Es stimmt, in den ersten Jahren der Patenschaft war mir nicht klar, dass die Kalender alt und das Geschenk für den Arsch war, denn ich freute mich über die bunten Bilder, die ich aus dem Kalender herausschnitt und zu lustigen Collagen verarbeitete, die ich anschließend wieder an Erika zurückschickte. Doch irgendwann im Laufe der Zeit wurde mir klar, dass meine Schwestern es mit ihren Paten wesentlich besser getroffen hatten. Julianes Pate ist ein Zahnarzt und ehemaliger Verbindungsfreund meines Vaters und kompensierte seine mangelnde Präsenz im Leben meiner Schwester jahrelang mit den tollsten Barbies, den besten Playmobil-Häusern und den spektakulärsten Schmuckstücken, die man einem Mädchen überhaupt nur schenken kann. Annes Pate ist Rechtsanwalt in Hannover und verdient mehr Geld, als es moralisch vertretbar ist. Er überhäufte meine Schwester zwar nicht mit Zuneigung, wohl aber mit angemessenen Geldbeträgen, die ihm ihren unbedingten Zuspruch zusicherten.

Nur ich war gestraft mit einer Patentante, die mir Jahre später in ihrem Testament den polnischsprachigen Teil ihrer Privatbibliothek und ein altes unvollständiges Silberbesteck mit ihren Initialen vermachte. Ich habe es einmal zum Juwelier gebracht und schätzen lassen, aber nur ein müdes Lächeln geerntet. Auf meine Frage hin, ob es sich lohne, bei hundertsechsundzwanzig Teilen die Gravur »EL« in »CW« umändern zu lassen, wurde ich ausgelacht.

Das Haus, in dem meine Eltern leben, gehörte ursprünglich aber Erikas Familie. Deswegen wurde mir von meinen Eltern immer nahegelegt, mich mit Erika nett zu unterhalten, wenn sie uns besuchte, und ihr immer regelmäßig meine Schulzeugnisse zuzuschicken. Zum Dank schenkte sie mir zum zehnten Geburtstag eine eigene Patenschaft, allerdings in Afrika. Auf der Karte, die sie dem Schreiben von UNICEF beilegte, stand:

Liebe Carolin,
sicher stimmst du mir zu, dass es auf dieser Welt so viel Leid und Elend gibt und du in eine sehr privile-

gierte Situation hineingeboren wurdest. Der kleine Mwai aus Kenia freut sich über die zehn Mark, die ich ihm ab jetzt jeden Monat überweisen werde, sehr. Ich habe dir ein Bild von ihm beigelegt. Dank deiner Spende kann Mwai jetzt in die Schule gehen. Ist das nicht schön? Ich wünsche dir alles Gute zum Geburtstag. Möge Gott dich segnen.

Erika

Um nicht wie ein totales Arschloch dazustehen, möchte ich an dieser Stelle anmerken, dass ich es heute grundsätzlich und moralisch einwandfrei und richtig finde, dass es diese Programme von UNICEF gibt. Ich finde, dass wir reichen Europäer uns unbedingt mehr in der Dritten Welt engagieren sollten, da wir im Überfluss leben und uns die zehn Mark im Monat beileibe nicht wehtun.

Aber musste Mwai aus Kenia unbedingt MEIN Geld bekommen? Ich war zehn! Ich war ein Mädchen! Ich wollte *Mein kleines Pony* und *Bibi-Blocksberg*-Kassetten und Sammelhefte mit glitzernden Aufklebern, keine Patenschaft für ein afrikanisches Kind!

Mein heftiges Aufbegehren verklang im Nichts. Meine Mutter schenkte mir zum Ausgleich eine Zehnerkarte Reitstunden und befahl mir, einen Brief zu schreiben, in dem ich mich bei Erika bedankte. Ich tat, wie mir geheißen, und pinnte das Bild von Mwai als ewiges Mahnmal, dass es mich wirklich hart getroffen hatte, an die Korkwand über meinem Schreibtisch, in der Hoffnung, dass sich mein uneigennütziger Beitrag irgendwann einmal rechnen würde.

10. Es bleibt in der Familie

Meine Annahme, dass sich meine perfide geheuchelte Bescheidenheit irgendwann einmal zu meinen Gunsten auszahlen würde, war nicht unbegründet. Tante Erika hatte immer allein gelebt – ihre große Liebe war im Krieg gefallen, verheiratet war sie nur mit der Kirche (zumindest sollten wir das glauben). Und nachdem sie zweiundachtzig Jahre lang in der ewigen Treue zu Gott verbracht und ihr Vermögen in Dagobert-Duck-Manier angehäuft oder der Kirche in den Rachen geworfen hatte, pinkelte sie eines Tages dem Bischof zu Aachen bei einem Hausbesuch vor die Füße. Auf den teuren Perser, so eine Verschwendung. Natürlich nicht absichtlich – sie war der Kirche ja wohlgesonnen. Sondern einfach, weil alten Damen so was manchmal passiert und Inkontinenz nicht einmal vor denen Halt macht, die jeden Sonntag ein paar Münzen in den Klingelbeutel werfen.

Meine Eltern, gewitzt und absolut nicht von gestern, überredeten die Erbtante in bester Erbschleimermanier, in das alte Haus ihrer Familie einzuziehen, den Ort, an dem sie aufgewachsen war, ihre Heimat, ihr Domizil, um sich von uns, ihrer einzig wahren Familie, pflegen zu lassen.

Gott bewahre.

Drei Wochen später zog Erika bei uns ein.

»Aber lange bleibe ich nicht«, keifte sie noch am ersten Abend. »An Ostern werde ich gehen.«

Ich sah auf den Kalender. Noch knapp fünf Monate, das musste sich irgendwie aushalten lassen – auch wenn ich die volle Breitseite ihres Gezeters abbekommen würde. Ich war vor nicht allzu langer Zeit selbst wieder bei meinen Eltern eingezogen, weil mich ein hervorragender Diplomabschluss und ein erfolgreich abgeschlossenes Volontariat in einem kleinen Verlag nicht vor der Arbeitslosigkeit hatten bewahren können. Sehr zum Leidwesen meiner selbst, denn mein Vater ließ keine Gelegenheit aus, mich auf mein falsch gewähltes Studienfach und die daraus resultierende vergeudete Lebenszeit hinzuweisen.

»Und wohin gehst du an Ostern?«, fragte meine patenschaftsmäßig besser aufgestellte Schwester Anne.

»Zu Gott!«, donnerte Erika und verlangte nach einer weiteren Tafel Ritter Sport Voll-Nuss.

Erika residierte direkt neben dem Schlafzimmer meiner Eltern. Meine Mutter stattete sie in der ersten Woche mit einem kleinen Glöckchen aus Messing aus, damit Erika uns rufen konnte, wenn sie Hilfe benötigte. Nach einer Woche nahm Mama ihr das Glöckchen aber wieder weg, weil sie unentwegt damit bimmelte und uns in den Wahnsinn trieb. Nach zwei Wochen wurden ihre Rufe derart laut und schrill, dass Mama ihr das Glöckchen wieder zurückgeben musste, allerdings legte sie es von da an immer ein paar Zentimeter außerhalb ihrer Reichweite.

Es wurde Weihnachten. Erika schimpfte auf den

schlimmen Kommerz und versaute uns die Bescherung.

»Noch ein paar Wochen«, jammerte sie immer wieder, »dann seid ihr mich los! An Ostern ist Schluss.«

Tante Erika konnte sich zu diesem Zeitpunkt schon fast nicht mehr allein bewegen. Ihren Rollator, den wir ihr in der optimistischen Annahme besorgt hatten, sie könne sich damit durch die Wohnung schieben, ließ sie links liegen, stattdessen bestand sie darauf, alle Mahlzeiten, und zwar pünktlich!, im Bett einzunehmen. Bald schon verzichtete sie ganz auf vernünftige Nahrung und verlangte nach mehr Schokolade, wunderte sich aber, dass sie ständig Verstopfungen hatte. Wenn weniger als drei Tafeln in ihrer Schublade im Nachttisch lagen, schrie Tante Erika quer durch die Wohnung nach meiner Mutter, die heimliche Pflegebefohlene, die die Sonderbestellung augenblicklich an den ersten von uns weitergab, den sie in die Finger bekam.

Aufs Klo ging Tante Erika verständlicherweise gar nicht gern. Sie machte unverständlicherweise lieber ins Bett. Deswegen bekam sie Windeln, die sie sich jedoch bei erstbester Gelegenheit vom Hintern zog, um danach wieder ins Bett zu machen. Manchmal, wenn meine Mutter nicht da war, musste sich mein Vater, der einzige Blutsverwandte von Tante Erika, um sie kümmern. Das war immer dann besonders lustig, wenn Erika mal wieder in die Laken gepieselt hatte. Mein Vater lief schimpfend und in gebückter Haltung durch die Wohnung und verfluchte Tante Erika und ihre Inkontinenz.

»So werde ich nie werden«, drohte er uns mit erhobenem Zeigefinger, »vorher geb ich mir die Kugel!«

Das erste Osterfest mit Tante Erika kam und ging, und sie weilte immer noch unter uns.

»So ein Mist«, schimpfte sie am Dienstag nach Ostern, »dann versuche ich es eben nächstes Jahr noch mal!«

»Was versuchen, Tante Erika?«

»Sterben!«, brüllte sie mich an. »Oder wolltest du so wie ich leben?«

Nein, dachte ich, und in diesem Moment fiel mir das Bild von Mwai aus Kenia wieder ein. Ich verkniff mir einen fiesen Seitenhieb, denn wenn man Tante Erikas Gemecker Glauben schenken konnte, hatte sie eine Standleitung in den Himmel.

Ein weiteres Jahr verging, und Erika lag uns immer noch in den Ohren, dass sie an Ostern sterben wolle.

»Warum hilft mir denn niemand?«, fragte sie, aber wenn mein Vater dann sagte: »Weil Sterbehilfe verboten ist«, ging sie ihn an: »Doch nicht *du* sollst mir helfen! Gott soll mich holen!«

Am Abendbrottisch, wenn Erika in ihrem Zimmer an einer Voll-Nuss knabberte, schmiedeten wir Pläne.

»Es könnte wie ein Unfall aussehen«, schloss ich meinen Vortrag über den angemessenen Gebrauch eines Kopfkissens, wurde jedoch abgeschmettert.

»Nein«, winkte mein Vater ab. »Zum einen ist das viel zu auffällig. Zum anderen bringt man keine Leute um. Nicht mal Erbtanten.«

»Nicht mal solche, die nerven?«, versuchte ich es weiter.

»Nein, nicht mal solche«, sagte mein Vater und goss sich ein Glas randvoll mit Rotwein ein.

Kurz vor Ostern des zweiten Jahres, in dem wir unter Tante Erikas Terrorherrschaft litten, beschlossen meine Eltern, über die Feiertage nach Italien zu fahren.

»Ihr kommt doch allein klar?«, fragte mein Vater, und ich schwor mir, ihn irgendwann auch mal in seiner Windel mit zehn Packungen Ritter Sport Voll-Nuss und drei mordlustigen Schwestern allein zu lassen.

»Ich weiß nicht, Papa«, wandte ich ein, »Erika sagt immer, sie will an Ostern sterben. Was, wenn es diesmal gelingt?«

Mein Vater lachte, sichtlich amüsiert. »Ich habe noch nie von jemandem gehört, der an dem Tag stirbt, an dem er sterben will, und dabei keinen Selbstmord begeht. Und dass sie das tut, ist vollkommen ausgeschlossen, du weißt ja«, er blickte nach oben an die Zimmerdecke, »ihre besondere Connection. Nein, nein, es ist absolut ausgeschlossen, dass Erika das Zeitliche segnet, einfach nur, weil sie es möchte. Wo kämen wir denn da hin, wenn das jeder so machen würde?«

Meine Eltern fuhren also in den Urlaub. Ich blieb mit Tante Erika, meinen Schwestern und einer Frau von der Sozialstation zurück. Die ersten Tage verliefen noch ruhig. Dann in der Nacht von Karfreitag auf Ostersamstag wurde ich von einem Rütteln an meiner Schulter geweckt. Ich öffnete die Augen, vor mir stand die Frau von der Sozialstation.

»Frau Erika«, stammelte sie aufgeregt und in gebrochenem Deutsch, »Frau Erika ist zu Herr in Himmel gegangen!«

»Das ist vollkommen ausgeschlossen«, sagte ich, in der absoluten Sicherheit, dass mein Vater, der Arzt, mit seinen Prognosen immer recht und ich, der Kulturbeutel ohne Festengagement, mit meinen Prognosen immer unrecht hatte, und sprang aus dem Bett.

Unten in der Wohnung war es totenstill. Ich schlich in Tante Erikas Zimmer, die Frau von der Sozialstation folgte mir dicht auf den Fersen. Neben dem Bett angekommen, starrte ich einen Moment auf Tante Erikas Brustkorb, bis mir klar wurde, dass er sich nicht mehr hob und senkte. Ich hielt ihr die Hand vor die Nasenlöcher. Nein, kein Luftstrom. Weil ich nicht wusste, wo man bei einem Menschen nach dem Puls fühlt, wenn man vermeiden wollte, ihn anzufassen, zwickte ich Tante Erika durch das geblümte Nachthemd in den Oberarm.

Sie reagierte nicht. Schließlich überwand ich all meine Beklemmungen und legte ihr die Hand an den Hals ... Nein, nur um den Puls zu fühlen, ich schwöre!

Ich fühlte keinen. Offensichtlich war Tante Erika von uns gegangen – und schalt dabei nonchalant meinen Vater einen Narren. Punktlandung. Und urplötzlich war ich ein kleines bisschen stolz darauf, die Patentochter dieser bemerkenswerten alten Dame zu sein, die sich vorgenommen hatte, an Ostern zu sterben, und das Unmögliche möglich gemacht hatte. Es sei denn ... sie hatte Hilfe gehabt.

Hinter mir räusperte es sich.

»Haben Sie …«, begann ich stockend, unfähig, meinen Verdacht laut zu äußern. »Ich meine … haben Sie … sie so gefunden?«

»Ja«, sagte die Frau von der Sozialstation mit großen Augen, »habe ich so gefunden Frau Erika!«

Ich ließ meinen Blick mit kommissarischer Finesse durch den Raum gleiten, auf der Suche nach einer Unregelmäßigkeit, einem Detail, das gestern noch anders gewesen war, fand aber nichts. Tante Erika hatte es also tatsächlich geschafft, selbstbestimmt zu sterben. Ohne Hilfsmittel. Es sei denn, man zählte die Gebete an den Allmächtigen dazu.

Die Frau von der Sozialstation räusperte sich erneut. »Was ist mit die Ringe?«, fragte sie flüsternd.

»Welche Ringe?«, fragte ich flüsternd zurück.

Warum flüsterten wir?

»Die goldene Ringe an die Finger!«, sagte die Frau von der Sozialstation nun etwas lauter. »Die könne nicht bleibe. Wegen Verbrennung in Ofen.«

Puh, ja, genau. Jetzt kam der unangenehme Teil der Veranstaltung.

»Können wir das nicht morgen entscheiden?«, fragte ich.

»Geht nicht gut, wegen die Totstarre«, erklärte die Frau.

Ich stöhnte. »Meine Güte, na gut, dann runter mit den Dingern«, und griff nach Tante Erikas lebloser Hand.

Ich schickte ein Stoßgebet zum Himmel. »Lieber Gott, an den ich nicht glaube, ich habe ein bisschen was gut bei dir, weil das Geld, das eigentlich in meine

Geschenke hätte investiert werden müssen, an Mwai aus Kenia gegangen ist, damit er eine gute Schulbildung bekommt und nach Möglichkeit nicht an Aids erkrankt. Ich selbst interessiere mich gar nicht für diese Ringe, ich tue nur das, was mir gesagt wird, also wenn du am Tag der Abrechnung mit deinem himmlischen Rachefeldzug einen Bogen um mich machen würdest, wäre das klasse. Danke. Und Amen.«

Dann zog ich am ersten Ring. Nichts passierte. Ich drehte vorsichtig daran, aber der Ring bewegte sich keinen Millimeter, nur die kalte Haut darunter rutschte bei jeder Bewegung von links nach rechts. Ekelhaft.

»So geht das nicht«, murmelte ich und probierte es mit dem nächsten Ring. Auch der saß bombenfest an Tante Erikas totem Finger.

»Brauchen wir Glitschmittel!«, zischte die Frau vom Sozialdienst und hastete vor in die Küche. Nach wenigen Augenblicken kam sie mit einer Flasche Olivenöl zurück und schmierte Tante Erikas Hände großzügig damit ein. Beim ersten Ring funktionierte das Prozedere. 999 Karat, immerhin, nicht schlecht für den Anfang. Beim zweiten Ring klappte unsere Leichenschändung schon nicht mehr so gut, weshalb ich schließlich die Hand festhielt und die Frau vom Sozialdienst am Ring zog. Nach einigem heftigem Ruckeln und beherztem Ziehen meinerseits knackte es einmal laut, dann fiel die Frau vom Sozialdienst rückwärts vom Bett. Als sie wieder auf die Beine kam, hielt sie den Ring in den Händen.

»Sie haben Frau Erika die Finger gebrochen!«, zischte sie mich feindselig an.

»Sind Sie verrückt?«, rief ich entsetzt zurück. »Wenn überhaupt, dann haben wir ihr zusammen den Finger gebrochen, nur dass das mal klar ist! Und überhaupt, was tut das zur Sache – sie ist tot, das haben Sie doch selbst gesagt!«

In diesem Moment sah ich aus dem Augenwinkel, dass meiner alten Erbtante Erika plötzlich der Mund offen stand. Ich erschrak mich zu Tode und sprang panisch in die hinterste Zimmerecke zwischen die Inkontinenzwindeln und das Ersatzbettzeug.

»Keine Angst«, sagte die Frau vom Sozialdienst nun etwas freundlicher, »ist nur Anfang von Totstarre. Müssen wir zubinden die Mund.«

Mit weit aufgerissenen Augen sah ich dabei zu, wie die Frau von der Sozialstation nach einer Mullbinde griff und den Kiefer von Tante Erika vorsichtig nach oben klappte. Dann wickelte sie den Stoff ein paar Mal um Kopf und Unterkiefer der Leiche, sodass es aussah, als habe Tante Erika schlimme Zahnschmerzen.

Bis zum Morgengrauen hielten die Frau vom Sozialdienst und ich Totenwache an Tante Erikas Bett. Wir tranken dabei den restlichen Geheimvorrat Sherry leer, den Erika in ihrem Nachttisch vor uns versteckt gehalten hatte, und aßen die letzten Tafeln Schokolade auf.

Als es endlich Zeit war, den Notarzt anzurufen, damit er zur Leichenschau kommen konnte, rief ich auch meine Eltern in Italien an.

»Hallo Mama!«

»Ciao, ciao! Was ist los?«

Ich zögerte. »Ich muss dir was sagen.«

»Ja, aber beeil dich«, forderte meine Mutter, »du weißt doch, is' teuer, das Roaming.«

»Also, es ist so ...« Ich setzte eine dramatische Kunstpause. »Erika ist gestorben.«

»Jetzt hör mir mal zu«, sagte meine Mutter, und sie klang wirklich böse, »für deine schlechten Witze habe ich jetzt gar keinen Nerv!«

Und dann legte sie auf.

Erstaunt, aber auch ein wenig beunruhigt legte ich das Telefon auf die Gabel.

»Was ist los?«, fragte Juliane, die sich aus Pietät über Erikas überraschendes Ableben verlegen, aber nicht unbedingt traurig an den Augen herumtupfte.

»Sie hat aufgelegt«, sagte ich.

»Bitte was?« Anne, die Jüngste, fing an zu heulen. »Da lassen sie uns schon mit der Alten allein, und dann ... und dann ...«

Bevor sie weiterzetern konnte, klingelte das Telefon. Ich hob ab.

»Hallo, Mädels, hier ist der Papa. Die Mama sagt, dass ihr sagt, dass Erika gestorben ist. Stimmt das?«

Ich stellte den Lautsprecher an, damit meine Schwestern mithören konnten, und bejahte.

»Na. Das ist ja ein Ding. Sensationelle Leistung. Muss man ihr anrechnen, wirklich. Na ja, ich merke, ihr habt das alles im Griff. Legt die Beerdigung bitte nicht auf nächste Woche, wir kommen erst am nächsten Sonntag heim. Und sucht schon mal nach dem Testament! Wäre doch gelacht, wenn sie wirklich alles der Kirche vermachen würde ...«

Juliane, Anne und ich inspizierten, nachdem wir die verschiedenen Phasen der Trauer im Eilschritt hinter uns gebracht hatten, die Kisten mit den persönlichen Unterlagen von Erika auf der Suche nach einem geheimen Testament, in dem sie mir alles zusprach. Wir fanden stattdessen die umfangreiche, in Schuhkartons verpackte Briefkorrespondenz mit einem italienischen Bischof. Man musste kein Verschwörungstheoretiker sein, um zwischen den Zeilen herauszulesen, dass die beiden nicht nur durch das Band der ewigen Liebe zu Gott vereint gewesen waren. Ein notariell beglaubigtes Testament entdeckten wir nicht, wohl aber eine umfangreiche Liste all der Güter, die nach Tante Erikas Tod an die wirklich sehr große Familie meines Vaters verteilt werden sollten. Die Standuhr ging an Onkel Norbert. Den hässlichen Bauernschrank vermachte Erika Papas Cousin Joachim. Ich bekam das bereits erwähnte unansehnliche Tafelsilber mit ihren Initialen und drei Regale voll polnischer Literatur. Den deutschsprachigen Teil – für den ich mich womöglich wirklich interessiert hätte – vererbte sie der Wohlfahrt. Und irgendwo ganz weit unten auf dem vergilbten Stück Papier stand in einer krakeligen Sütterlin-Handschrift geschrieben: »Meinem lieben Fritz vermache ich das Haus, das seit Generationen in unserer Familie ist und auch bleiben soll.«

Zum ersten Mal, seit ich Erika kennengelernt und bewusst als mein eigen Fleisch und Blut wahrgenommen hatte, fühlte ich mich ihr gegenüber dankbar. Trotz des blöden Tafelsilbers. Denn mit ihrer Verfügung gewährte uns Erika nicht nur ein momentanes

Wohnrecht, sondern sicherte auch noch nonchalant mein zukünftiges Erbe. Und das, obwohl ich mein Leben lang davon ausgegangen war, irgendwann mal bei Mwai in seiner afrikanischen Hütte Zuflucht finden zu müssen, weil mein Vater mir seine finanzielle Unterstützung strich und unser Erbe auf einem der sieben Weltmeere verjubelte. Karma sei Dank.

III. Therapie

1. Mann über Bord

Der Tag, an dem mein harmonisches Weltbild ins Wanken gerät, ist ein regnerischer Märzfreitag. Er beginnt mit dem Klingeln meines Handys. Die Tatsache, dass ich davon erwache, ist einzig und allein dem Umstand zuzuschreiben, dass ich mich Nacht für Nacht dem Elektrosmog meines mobilen Endgeräts aussetze, da das Handy auch gleichzeitig mein Wecker ist. Ich werde ohnehin an zwanghaftem Bewegungsmangel, nicht therapierbarer Diätresistenz oder einfach Lungenkrebs sterben, daher kann ich mich schon mal an die regelmäßige Bestrahlung gewöhnen. Das Handy klingelt, und es klingelt zu früh. Auf dem Display steht MAMA.

»Papa ist aus Shanghai nicht zurückgekommen.«

Zwischen den vielen Schluchzern und einigen panischen, unregelmäßigen Atemzügen bin ich im ersten Moment nicht in der Lage, die Tragweite des Satzes zu begreifen.

Was soll das heißen, er ist nicht zurückgekommen? Hat er eine neue Frau? Fängt er ein neues Leben an? Hat er am Ende sogar – mich gruselt – eine neue FAMILIE?! Was heißt das, er ist nicht zurückgekommen? Sprachlich betrachtet ist das eine abgeschlossene Vergangenheitsform. An der gibt's nichts mehr zu rütteln.

Ich bin verwirrt.

Das Einzige, was ich verstehe, ist, dass dieses dramatische Intro nur ein sehr, sehr hässlicher Vorbote eines noch sehr viel hässlicheren Vormittags werden wird. Ich bin von einer Sekunde auf die andere hellwach, robbe mich aus dem Bett und besitze sogar die Geistesgegenwart, mir einen Bademantel überzustreifen. Im Vorbeigehen greife ich nach meinen Zigaretten, schlüpfe in ein paar ausgelatschte Birkenstock und bin keine dreißig Sekunden später aus der Haustür heraus. Ohne Zähneputzen.

Ich fahre zu meinen Eltern nach Hause. Dort treffe ich auf meine in Tränen aufgelöste Mutter. Sie schnappatmet. Ich bin ganz ruhig, nehme sie in den Arm und lasse mir von ihr erzählen, was passiert ist.

Mein Vater ist, seit er eingesehen hat, dass es mit der Zeit immer schwieriger wird, untrainiert einen Achttausender zu besteigen, begleitender Arzt auf Kreuzfahrtschiffen. Alle paar Monate packt er seinen Koffer und verschwindet auf eines der sieben Weltmeere, um dort gemeinsam mit einigen gut betuchten Senioren die traumhaftesten Länder dieses Planeten anzusteuern. Absurderweise verdient er dabei sogar Geld. Deswegen besteht er auch immer auf die Richtigstellung, dass er nicht einfach nur schnöde Reisen unternimmt, sondern in Übersee Geld verdient, und zwar steuerfrei. Natürlich (an dieser Stelle hat die Platte einen Sprung) nur für uns. Damit wir, auch wenn meine Schwestern und ich uns derlei ehrlose Berufe ohne Zukunfts- bzw. Reichtumsperspektive ausgesucht haben, trotzdem mal seinen hohen Lebensstandard fortführen können.

Seit acht Wochen ist mein Vater also in Australien.

Für uns, na klar. Danke, Papa. Auf einer sehr komplizierten Route, die keiner außer ihm und dem Kapitän durchschaut, schippert er abwechselnd von Neuseeland nach China und wieder zurück, mal mit Zwischenstopp Australien, mal mit Borneo, immer hin und zurück, hin und zurück, bis sich in der Tasmanischen See eine tiefe Fahrrille eingegraben hat.

Heute sollte er zurückkommen.

Sollte, denn er wird nicht kommen, weil er das Flugzeug nie bestiegen hat. Was ich in den ersten paar Minuten des bis dato grauenhaftesten Tages meines Lebens herausfinde, ist, dass die begleitende Bordkrankenschwester, die mit meinem Vater die Seereise beendet hat und gemeinsam mit ihm in den Flieger steigen sollte, meine Mutter vor zwanzig Minuten vom Zwischenstopp in Istanbul aus angerufen hat, um ihr mitzuteilen, dass sie ihren Mann nicht in Frankfurt am Flughafen abzuholen braucht. Auf dem Weg zum Flughafen in Shanghai ist mein Vater aus bis dato ungeklärter Ursache kollabiert. Daraufhin hat ihm die Krankenschwester verboten, das Flugzeug zu besteigen.

»Sie hat gesagt, dass Papa ganz blass war und dass er blaue Lippen hatte«, sagt meine Mutter unter Tränen.

Blaue Lippen? Wieso? Ist es in Shanghai so kalt?

Ich durchforste mein lückenhaftes medizinisches Grundwissen auf der Suche nach blauen Lippen. Ich kriege manchmal welche, wenn ich Rotwein trinke. Und Papa trinkt gern guten Rotwein. Aber das traue ich mich in diesem Moment nicht zu sagen.

»Er ist im Krankenhaus. Sie glauben, er hatte einen Herzinfarkt.«

Nur tröpfchenweise sickert die Information zu mir durch.

Papa. Shanghai. Herzinfarkt.

Eine der drei Komponenten in dieser Gleichung macht mich stutzig, unsicher. Beinahe will ich auflachen. Mein Papa KANN keinen Herzinfarkt gehabt haben. Das ist ein Fehler in der Matrix. Mein Papa ist ein Halbgott in Weiß. Mein Papa hat ein Sportlerherz, etwa so groß wie ein Basketball, und die Wahrscheinlichkeit, dass dieses Herz seinen Dienst quittiert, ist genauso hoch wie die Wahrscheinlichkeit von Schnee im Juli.

Mein Vater hat einen Herzinfarkt. Und in Indien wohnen Indianer. Tsk!

Obwohl ich den Sachgehalt der Theorie anzweifle, schalte ich innerhalb weniger Sekunden in den Funktionierenmodus. Ich denke nicht darüber nach, wie hoch die Wahrscheinlichkeit tatsächlich ist, dass es doch ein Herzinfarkt sein könnte, ich denke nicht darüber nach, was es stattdessen sein könnte, ich denke nicht darüber nach, WARUM mein Vater im Krankenhaus ist, sondern ich beginne augenblicklich, den Patienten zu stabilisieren und gebe schmerzlindernde Medikamente. Ich nehme meine Mutter in den Arm.

Dann greife ich zum Telefon und rufe Anne an, die nur wenige Straßen entfernt wohnt. Sie kommt gerade aus dem Bad und nimmt mit einem erstaunten Tonfall das Gespräch an: »Na, du bist aber früh wach heute Morgen!«

Sie lacht. Im Hintergrund höre ich ihren Hund bellen. Für einen kurzen Moment überlege ich, ob ich ihr einfach einen schönen guten Morgen wünschen und einen blöden Witz nachschieben soll. Vielleicht sogar einen Lehrerwitz. So einen, den Lehrer immer machen, wenn sie bei einem Fehler an der Tafel ertappt werden. »Ich wollte nur überprüfen, ob ihr noch alle wach seid.« Haha. Vielleicht wäre es besser, meiner Lehrerinnenschwester einen Lehrerwitz aufs Auge zu drücken, sie in Ruhe und in die Schule gehen zu lassen, um dort achtundzwanzig wild gewordene Zweitklässler in das große Geheimnis der Division einzuweihen.

Ich sehe in das Gesicht meiner Mutter. Ihre Augen sind verquollen, sie tupft sich nervös mit einem Taschentuch an der Nase herum. Auf ihrer Wange prangt noch immer der Kissenabdruck der letzten Nacht. Sie hustet, dann quellen weitere Tränensturzbäche aus ihren rotgeweinten Augen.

Vergessen wir die Überlegung, die Sache allein durchziehen zu wollen. Hier ist jede Hilfe gefragt.

»Okay, pass mal auf«, sage ich ins Telefon und gebe mir große Mühe, meine Stimme stark und souverän klingen zu lassen. Ich bin die Älteste. Breche ich in Panik aus, brechen alle in Panik aus. Ich muss ruhig bleiben, besonnen, ja beinahe heiter sein. Es ist keine Katastrophe. Wir haben nur ein kleines Problem. Und ich habe alles im Griff. »Papa ist im Krankenhaus. In Shanghai. Er konnte das Flugzeug nicht nehmen.«

Stille am anderen Ende. Ich weiß in diesem Moment nicht, ob ich einen besseren, weniger dramatischen Auftakt als »Papa ist aus Shanghai nicht zurückgekommen« gewählt habe. Wenn ich so darüber nachdenke, erinnert mich »Papa ist aus Shanghai nicht zurückgekommen« nämlich ziemlich stark an »Er war Zigaretten holen, und dann ist er nie nach Hause zurückgekehrt«. Und das ist definitiv kein guter Satz.

Meiner ist aber auch keiner, denn meine Schwester beginnt, panisch zu atmen.

»Was – was soll das heißen?«, stammelt sie. Dann dringt es lauter durch den Hörer: »Was soll das heißen, Caro?«

Sie hatte mir nicht mal eine winzige Chance gelassen, ihre erste Frage zu beantworten.

»Er hat wohl einen Herzinfarkt oder so was in der Art gehabt.« Weil ich dieser Vermutung immer noch keinen Glauben schenken kann, drücke ich mich absichtlich hypothetisch aus. Meiner Schwester macht das gar nichts, sie keucht aufgeregt weiter in den Hörer.

»Und jetzt?!«

»Jetzt nimmst du dir eine Plastiktüte und atmest da ein paar Mal rein.«

»Tüte? Ich hab keine Tüte! Nur die für den Hund.«

»Die nimmst du.«

»Ich atme nicht in eine Scheißtüte für Hunde!«

Nööööt. Antrag abgelehnt. »Anne, du nimmst jetzt die verdammte Scheißtüte und atmest da rein. Und danach kommst du schnellstmöglich hierher.«

Klasse. Ich höre mich an, als hätte ich einen Plan.

Habe ich aber nicht. Ich bin Arzttochter, keine Krisenmanagerin. Und erst recht keine Notärztin! Oder ist das am Ende vielleicht sogar alles dasselbe?

Mein Funktionierenmodus rödelt weiter, und ich beginne, die Lage zu sondieren. Ich setze Kaffee auf und lasse mir von meiner Mutter noch einmal in aller Ruhe erzählen, was die Krankenschwester gesagt hat. Danach bin ich keinen Zentimeter schlauer als vorher, habe aber das Gefühl, dass Mama sich etwas beruhigt hat. Ich schütte die Kanne Kaffee in den Abfluss und koche Kräutertee. Lieber kein Risiko eingehen.

Meine Schwester kommt und fällt mir in die Arme, im selben Moment pingt das Handy meiner Mutter. Eine SMS von meinem Vater! Okay, denke ich, er schreibt SMS, also ist er nicht tot. Das mag jetzt ein wenig makaber klingen, aber in Ausnahmesituationen wie dieser scheint das menschliche Gehirn ausnahmslos praktisch zu funktionieren. In meinem Fall kommt es mir so vor, als sei die Verbindung zum Emotionszentrum gekappt. Ich bin nur noch in der Lage, Daten zu verarbeiten, Schlüsse zu ziehen und Gegenmaßnahmen einzuleiten. Bis zu diesem Zeitpunkt habe ich noch keine Träne vergossen. Meine Diagnose: Ich habe mich in einen Arzt verwandelt.

Ach, du Kacke.

In seiner SMS schreibt mein Vater, dass er schon seit mehreren Tagen kurzatmig gewesen sei:

BIN NOCH IN SHANGHAI, SEIT EINIG. TAGEN KURZATMIG, GESTERN JEDOCH AUCH IN RUHE LUFTNOT & ZYANOSE. KOLLABIERT AM FLUGHAFEN. BRAU-

CHE O2 & BIN SEHR SCHWACH, KEINE SCHMERZEN. AN EINEN HI KANN ICH OHNE AP NICHT GLAUBEN. TIPPE AUF LUNGENEMBOLIE. BEHAND. ARZT SCHLÄGT PULMONALIS-ANGIO VOR. KEINE LEBENSGEFAHR, MACHT EUCH KEINE SORGEN. MELDE MICH WIEDER.

Das ist ja mal wieder typisch! Während wir vor Sorgen fast umkommen, scheint Papa mal wieder tiefenentspannt! Wir bekommen eine vollständige Anamnese inklusive Diagnose und Therapievorschlag, und das alles in etwas mehr als hundertsechzig Zeichen.

Der Satz »Macht euch keine Sorgen« beunruhigt mich am meisten. Herzinfarkt oder Lungenembolie mal außer Acht gelassen – macht euch keine Sorgen? Haha. In dem Moment, in dem jemand schreibt, »Macht euch keine Sorgen«, kann er mit einhundertprozentiger Sicherheit davon ausgehen, dass man sich die größten Sorgen seines Lebens macht, vielleicht sogar stirbt vor Sorgen! Es gibt kein sichereres Indiz dafür, dass man allen Grund hat, sich eine Menge Sorgen zu machen, als die Aufforderung, sich bitte schön KEINE Sorgen zu machen. Das ist ungefähr so, wie wenn man versuchen soll, nicht an irgendwas zu denken, und von diesem Zeitpunkt an nur noch genau daran denkt. Schokolade zum Beispiel. Zigaretten. Können Sie sich vorstellen, wie toll das klappt, vorsätzlich mit dem Rauchen aufzuhören? Genau. Gar nicht. Genau wie mit dem Sorgenmachen.

Ich beginne deswegen umgehend damit. Erstmals beschleicht mich ein ungutes Gefühl. Auch der Hinweis, dass er »außer Lebensgefahr« sei, ist für die Katz. Na schön, vielen Dank auch, wenn das so ist, schicke ich meine Schwester jetzt mal zum Bäcker, und wir Daheimgebliebenen veranstalten ein großes Festtagsfrühstück, weil: Hey! Daddy ist außer Lebensgefahr. Lasst die Korken knallen, Ladies, der Alte ist raus aus der Todeszone.

Genau.

Nach einem lauwarmen Schluck Kräutertee stehe ich auf, hole den Laptop aus dem Arbeitszimmer und setze mich wieder zu meiner Mutter und meiner Schwester an den Küchentisch.

Ich brauche den Kontakt zum Schiff. Irgendjemand, der in diesem Moment vor Ort ist oder mir sagen kann, wo sie meinen Vater hingebracht haben. Natürlich haben wir null Informationen. Da mein Vater sein Leben lang nicht davon ausgegangen ist, dass ihm etwas passieren könnte, hielt er es auch nie für nötig, uns Notfalltelefonnummern oder Kontaktpersonen im Ausland aufzuschreiben. Seit ich denken kann, verreisen meine Eltern unter dem Motto: Keine Nachricht, gute Nachricht.

Blöd, dass wir den Anruf dieser Krankenschwester erhalten haben. Das belegt eindeutig: Doch 'ne Nachricht, schlimme Nachricht.

In meiner Verzweiflung schreibe ich an die E-Mail-Adresse, unter der ich meinen Vater in den letzten zwei Monaten erreicht habe, die vom Hospital des Kreuzfahrtschiffes. In den Betreff schreibe ich in Versalien »PLEASE SENT THIS FORWARD TO THE CAPTAIN« und geize nicht mit Ausrufezeichen. Dann bitte ich den Kapitän, mir umgehend die Kontaktdaten des Reederei-Agenten in Shanghai und den momentanen Aufenthaltsort meines Vaters mitzuteilen.

Jede Reederei hat in den Städten, in denen ihre Kähne gastieren, einen eigenen Agenten, also jemanden, der die Landessprache spricht, sich in der Stadt auskennt, weiß, wo die Krankenhäuser, Fundbüros und Leichenhäuser sind …

So, und jetzt ist mir schlecht.

Ich schaue auf und meiner Mutter und meiner Schwester in die leeren Gesichter.

»Wir müssen Jule anrufen«, flüstert Mama.

Erneut erwacht mein Mutterinstinkt zum Leben. Juliane, die Mittlere, wohnt in Hamburg. Sie ist mehrere Stunden von uns entfernt, und sie hat einen Job, in dem sie sich nicht einfach mal einen Tag freinehmen kann. Doch bevor ich etwas sagen kann, hat Anne das Handy in der Hand und wählt die Nummer.

Von dem Gespräch bekomme ich nichts mit. Auf Mamas Handy ist eine weitere Nachricht meines Vaters angekommen:

HATTE RECHT: DIAGN. LUNGENEMBOLIE, AUSGEHEND VON NICHT KLINISCH ERKENNBAREN TIEFEN BVT BDS. MITTELS KATHETER SOLL CAVA-SCHIRM EINGESETZT WERDEN. HÄMODILUTION WIRD EINGELEITET. BITTE MORGIGEN TERMIN IM STÄDTISCHEN KRANKENHAUS UM ZEHN UHR BEI DR. STANKOV ABSAGEN.

Ich grapsche nach dem Telefon. Mir reicht's. Ich verstehe kein Wort! Was bedeutet BVT BDS? Und was ist das für ein Termin? Was für ein Dr. Stankov?

Ich wähle die Nummer meines Vaters, kriege jedoch keine Verbindung zustande. Frustriert lege ich das Telefon weg.

»Mama, was heißt BVT BDS?«, wende ich mich an meine Mutter.

»Beinvenenthrombosen, beidseitig«, schluchzt sie.

»Thrombosen? In den Beinen?« Hä? »Aber an so was stirbt man doch nicht! So was haben doch nur alte Frauen!«

Ich irre mich, und zwar gewaltig. Das merke ich an der Reaktion meiner Mutter, die mir nicht mehr antworten kann, weil sie von einem erneuten Heulkrampf geschüttelt wird.

Ups. Kann man also doch dran sterben.

»Wir müssen einen Flug für dich buchen«, beschließe ich.

Wenn so eine lausige Thrombose wirklich zum Sterben reicht, bleibt uns keine andere Wahl. Für einen kurzen Moment werde ich von einer sentimentalen Welle gepackt: Wie schön war die Zeit, als ich von meinen Eltern wirklich nichts hörte, wenn sie für drei Wochen über den Indischen Ozean schipperten. Dann wusste ich wenigstens, dass alles okay war. Jetzt habe ich schon die zweite Nachricht meines reisenden Vaters erhalten, und die Lage sah ernst aus.

»Einen Flug?« Sie sieht mich an, als hätte sie gerade erst erfahren, dass Menschen mit einem Flugzeug lange Strecken hinter sich bringen.

»Ja, du musst nach Shanghai«, sage ich.

»Nach Shanghai?!« Meine Mutter reißt entsetzt die Augen auf.

»Nein, vielleicht lieber woandershin, wo es jetzt schön warm ist und die Sonne scheint«, möchte ich sagen, reiße mich aber zusammen und sage stattdessen: »Ja, Shanghai. China.«

Meine Mutter schüttelt den Kopf. »Das wird Papa nicht wollen.«

Zum ersten, aber leider nicht zum letzten Mal an diesem Tag erhebe ich die Stimme: »Das. Ist. Mir. Scheißegal!«

Meine Mutter kommentiert das mit einem weiteren Ausbruch in Tränen, ich seufze und tippe erneut auf der Tastatur des Laptops herum. Nach kurzer Zeit habe ich einige passende Flüge gefunden, doch bevor ich buchen kann, wird die angespannte Stimmung von einem Klingeln unterbrochen. Das Telefon meiner Mutter.

Auf dem Display steht: PAPA.

2. Liebesgrüße aus Moskau

Wir sind mucksmäuschenstill. Keiner sagt ein Wort. Meine Mutter hat der Situation angemessen aufgehört zu atmen und lauscht stattdessen angestrengt in den Hörer.

Dann, nach einer gefühlten Ewigkeit, sagt sie mit einer so festen Stimme, dass es mich überrascht: »Hör auf zu weinen, Schatz. Du darfst dich nicht aufregen.«

In diesem Moment wird mir zum ersten Mal bewusst, dass meinem Vater, dem Unantastbaren, dem Nie-krank-Werder, dem Ihr-seid-doch-alle-Simulanten-Motzer, der Arsch auf Grundeis geht. Für Nichtärztekinder mag das nicht weiter verwirrend sein, wenn die eigenen Eltern in Tränen ausbrechen, weil etwas Furchtbares, etwas Unvorhersehbares passiert ist, im schlimmsten Fall mit ihnen selbst.

Ärztekindern geht es anders. Ärztekinder sind erschüttert von der Erkenntnis, dass ihre eigenen Eltern sterblich sind.

In dem Moment, als Mama, die eben noch von Heulkrämpfen gebeutelt wurde, mit beherrschter Stimme sagt, dass Papa aufhören soll zu weinen, da weiß ich: Es ist noch schlimmer als befürchtet. Wenn dieses medizinische Bollwerk ins Schwanken gerät, muss es lebensbedrohlich sein. Wenn er weint, weiß er, wie es um ihn steht. Er ist unsicher und allein und am anderen Ende der Welt. Dieser Moment zieht mir den Boden unter den Füßen weg. Ich vergesse, nach dem Telefon zu verlangen, ich vergesse, der Stimme meiner Mutter weiter zu lauschen. Ich sitze da, mit dem erkalteten Kräutertee in meiner Hand vor dem Laptop, und versuche mit der Gewissheit klarzukommen, dass mein Vater ein Mensch ist wie jeder andere, dass er sterben kann und dass wir alle das wohl gerade eben erst kapiert haben.

Als meine Mutter auflegt, bricht sie erneut in Tränen aus. Ihrem Gestammel kann ich nichts entnehmen, was mir gerade weiterhilft. Nur so viel: Mein Vater ist der Meinung, dass er trotz der Herzrhythmusstörungen der letzten zwei Wochen keinen Herzinfarkt hatte.

Herzrhythmusstörungen?

Welche?

Seine?!

Er vermutet, dass er eine Lungenembolie hat, denn am Flughafen, als er zusammengebrochen ist, hat er wohl von den Sanitätern mitbekommen, dass seine Lunge nur noch auf siebzig Prozent läuft.

Siebzig Prozent. Ich muss nicht Medizin studiert haben, um zu wissen, dass das nicht besonders viel ist.

Ich bin verwirrt. Ich weiß nicht, ob eine Lungenembolie wirklich so viel besser ist als ein Herzinfarkt. Darf ich jetzt bitte in Panik ausbrechen?

Nein, keine Chance, Mama und Anne weinen wieder.

Alles klar, ich halte die Stellung.

»Wie kriegt man eine Lungenembolie?«, frage ich.

Meine Mutter zuckt die Schultern. »Da muss man eine Thrombose haben.«

»Und wie kriegt man eine Thrombose?«

Wieder Schulterzucken, wieder keine Antwort.

Vielleicht wird es Zeit, dass ich mal diesen Termin im Krankenhaus absage, und wenn derjenige am anderen Ende der Leitung kompetent erscheint, kann ich gleich mal fragen, wie man so eine Thrombose kriegt, wie das zur Lungenembolie werden kann und ob wir uns jetzt zwischen Pest und Cholera entscheiden müssen oder tatsächlich ein Karma-Upgrade erfahren haben.

Es dauert ein paar Minuten, bis ich herausgefunden habe, dass Dr. Stankov ein Kardiologe ist. Soso. Mein Vater hatte also einen Termin bei einem Herzspezialisten. Wann hat er den wohl ausgemacht?

Dr. Stankov nimmt das Gespräch entgegen und begrüßt mich mit einem breiten slawischen Akzent und in bester Freitagmorgenlaune.

»Ah, Frau Wittmann. Sind Sie Tochter von Herr Dr. Wittmann?«

»Nur Wittmann. Ja, bin ich. Und ich muss den Termin, den mein Vater anscheinend für morgen früh mit Ihnen vereinbart hat, leider absagen.«

»Schade das«, radebricht Dr. Stankov. »Habe ich extra eingerichtet für Ihre Vater diese Termin.«

»Wieso eigentlich?«

»Wisse Sie, Fräulein Wittmann«, sagt Dr. Stankov mit seiner watteweichen, verständnisvollen Stimme, »Ihre Vater es ging nicht so gut auf Schiff. Hat er mir geschriebe in E-Mail. Geht ihm besser?«

Ein Kloß wandert von meinem Magen hinauf in meine Kehle. Ich schlucke ihn mit Gewalt wieder hinunter.

»Nein, das kann man nicht sagen, es geht ihm nicht besser. Er ist noch in Shanghai, er hat das Flugzeug nicht genommen, weil er auf dem Flughafen kollabiert ist. Jetzt ist er im Krankenhaus.«

»Eijeijei.« Dr. Stankov scheint trotz seltsamer Wortwahl wirklich betroffen. »Nicht gut das. Was passiert?«

Ich schildere ihm, was ich weiß. Stankov hört aufmerksam zu. Dann sagt er: »Das seltsam ist. Hatte doch gemacht Äh-Ka-Gä und Betablocker genomme.«

»Bitte was?«

»Ja, ja, Fräulein Wittmann, Ihre Vater hat gefühlt sich nicht so gut die letzte Tage. Hat geschriebe mir viele E-Mails, habe versucht Diagnostik, ist aber schwer, ohne zu untersuchen die Patient. Sehen Sie, Ihre Vater hat Verdacht, dass er habe Myokarditis. Ist Entzündung in Herzmuskel.«

Ich verliere erst die Sprache, dann die Fassung. Papa hat sich in den letzten Tagen HEIMLICH mit einem Kardiologen aus unserer Stadt beraten, weil er eine Entzündung des Herzmuskels vermutete? An sich?! Und uns hat er nichts davon erzählt?

Ich habe ja schon öfter mitbekommen, dass Ärzte untereinander eine Art Geheimzirkel haben. Eine ganz und gar verschwiegene Truppe, deren Hauptaufgabe es ist, eigene oder in der eigenen Familie aufgetretene Krankheiten zu verschleiern. Wenn mein

Vater mit irgendeinem Befund verhindern will, dass wir zu einem anderen Arzt als ihm gehen, ruft er bei einem befreundeten Kollegen an, um ihn um seine Meinung zu bitten. Bevorzugt macht er das, wenn es beim Patienten um ein Mitglied seiner Familie geht. Wieso Praxisgebühr bezahlen und zum Augenarzt gehen? Den Sehtest kann auch der Optiker machen. Und wegen dem trüben Schleier, den meine Tochter seit ein paar Tagen zu haben glaubt, rufe ich mal fix den Kollegen Müller an, dann kann ich das nächste Woche beim Ärztestammtisch mit ihm besprechen.

Als ich meinen Vater einmal wegen eines akuten Migräneanfalls in der Notfalldienstzentrale aufsuchte, bekam ich eine sehr bezeichnende Szene mit. Ein diensthabender Kollege meines Vaters kam ihm (gegen fünf Uhr in der Früh beschwingt) und mir (zur selben Uhrzeit eindeutig ausgezählt und angeschlagen) auf dem Weg zum Behandlungszimmer entgegen.

»Ach, guten Morgen, Fritz, auch schon auf den Beinen?«

Mein Vater blieb stehen. »Hallo Uwe, ja, der frühe Vogel …«

»… kann mich mal!«, vervollständigte Dr. Uwe.

Beide lachten. Ich litt im stillen Kämmerlein weiter.

Plötzlich hielt Dr. Uwe inne.

»Du, Fritz. Die aktinische Keratose an deiner Schläfe wird ja immer schlimmer. Warum kommst du nicht mal in der Praxis vorbei?«

Ich sah an Papas Schläfe. Stimmt. Irgendwas sah da komisch aus. Ein bisschen wie sehr, sehr trockene

Haut, die sich langsam aber sicher vom Gesicht abschälte. War das schon immer da gewesen?

»Ich würd ja, Uwe, ich würd ja«, wiegelte Papa ab, »aber ich hab was gegen Arztpraxen.«

Wieder joviales Gelächter. Ärztehumor. Widerlich.

»Na, darüber reden wir aber noch. Ich kann es mir auch später mal angucken, in der Mittagspause«, schlug Dr. Uwe vor.

Mein Vater nickte, und an der Art, wie er das tat, erkannte ich, dass er in der Mittagspause NIEMALS zu Dr. Uwe gehen würde, um die trockene Haut an seiner Schläfe behandeln zu lassen. Warum auch? Trockene Haut cremte man ein.

Als wir im Behandlungszimmer waren, ich mich auf die Liege gehievt und Papa den Zugang für die Infusion gelegt hatte, fragte ich: »Was ist das da an deiner Schläfe?«

Papa wich meinem Blick aus. »Nur ein bisschen trockene Haut.«

»Und warum nennt dieser Uwe deine trockene Haut eine aktinische Keratose?«

Mein Vater schwieg.

»Hallo?«

»Na ja, so heißt das halt.«

»SO heißt trockene Haut?«

»Nicht direkt.«

»Und warum spricht er dich drauf an?«

Stille. Papa kümmerte sich mit geradezu unglaubwürdigem Ernst um den Paspertin-Aspirin-Cocktail, den er mir gleich in die Venen jagen würde.

»Hallo?!«

»Ja, also gut. Du wirst es ja eh rausfinden. Aktinische Keratose ist eine Vorstufe vom Hautkrebs. Aber total harmlos.«

»Harmlos.«

»Ja. Muss man nicht sofort behandeln.«

»So wie andere Vorstufen vom Krebs, zum Beispiel Tumore.«

»Ja, genau.«

»Wie würde man es denn behandeln, wenn man es behandeln wollte?«

Papa winkte ab. »Ach, mit Vereisung. Oder einem kleinen chirurgischen Eingriff. Oder einer Salbe.«

»Aha. Hört sich nach einer zehnminütigen Sache an.«

»Ja, geht wirklich schnell.«

»Also eigentlich kein Aufwand.«

»Nein.«

»Und wieso machst du es dann nicht?«

Schweigen.

»Papa, das ist eine Vorstufe vom bösen K-Wort. Daran sind dein Vater und deine Mutter gestorben. Ist dir das klar?«

»Die Botschaft hör ich wohl, allein mir fehlt der Glaube!« Papa lächelte. Er hatte sich an meinem Repertoire geisteswissenschaftlicher Zitate vergriffen. Das nahm ich ihm krumm.

»Wie kriegt man so was überhaupt?«

»UV-Strahlung.«

»Aha.« Ich schwieg für einen Moment. Dann dämmerte es mir. »Willst du mir gerade erzählen, dass du eine Vorstufe vom Hautkrebs im Gesicht hast, ein anderer Arzt dich darauf auf offener Straße anspricht und du NICHTS unternimmst?! Und zu allem Überfluss hast du dir das Problem auch noch selbst eingebrockt, weil du dein halbes Leben im Hochgebirge verbracht und dich anscheinend nicht adäquat EINGECREMT hast?!«

Mir wurde schwarz vor Augen, und das lag ausnahmsweise nicht an der Migräne. Mein Vater zeigte mir einen Vogel und piekste mir (eindeutig weniger einfühlsam als sonst) die Nadel in die Armbeuge – ich war mir sicher, dass er diesmal auch eine viel größere Kanüle verwendet hatte.

»Ihr seid immer so hysterisch!«, sagte er und drehte das kleine Rädchen am Tropf auf, woraufhin der Cocktail langsam in meinen Körper zu sickern begann. »Deine Mutter hat auch schon ein riesiges Theater deswegen veranstaltet, aber der Uwe hat gesagt, darum muss ich mich nicht sofort kümmern.«

Ne. Wenn der Tumor streut, reicht locker, sich dieses peripheren Problemchens anzunehmen!

»Und jetzt halt mal lieber den Mund. Sonst wirkt das Medikament nicht.«

Ich kenne diese miese Tour. Wenn es um eigene Krankheiten geht, ist mein Vater wirklich der schlechteste Patient, den man sich vorstellen kann, und wir alle, die wir nicht auf seiner Kompetenzstufe weilen, sind ohnehin und ausnahmslos immer hysterisch. Lieber wendet er sich an einen anderen Idioten mit Doktortitel, der ihm dann versichert, dass man diese klitzekleine und sicher ganz ungefährliche Hautanomalie auch aussitzen könne. Bescheuert! Einfach nur bescheuert! Und unsereins rennt einmal jährlich zur Vorsorgeuntersuchung und muss sich beinahe täglich sagen lassen, dass Rauchen Krebs verursacht und Übergewicht Diabetes. Pah!

Dr. Stankov reißt mich aus meinen düsteren Gedanken, in denen ich meinem Vater an die Gurgel springe und ihn würge, bis er blau anläuft.

»Aber Sie sage, Ihre Vater habe Lungen-*ähm*-bolie.«

»Na ja, das vermutet er. Was genau heißt das eigentlich?«

Dr. Stankov erklärt mir mit der Geduld eines Kindergärtners und ohne eine einzige Fachvokabel zu verwenden, wie es passieren kann, dass eine Lungenembolie entsteht. Während er redet, denke ich an die unübertreffliche Sendung »Es war einmal das Leben«, eine Zeichentrickserie, die irgendwann in den Neunzigerjahren lief und das einzige Medium war, das mir überhaupt den Unterschied zwischen venösem und arteriellem Blut zu erklären vermochte: Kleine dicke Männchen (die Blutkörperchen) tragen als arterielles, also sauerstoffreiches Blut Sauerstoffbläschen, die sie sich in der Lunge auf den Rücken laden, durch den gesamten Blutkreislauf zum Herzen, zu den Organen und so weiter. Im Laufe der Zeit werden die Sauerstoffbläschen auf ihrem Rücken immer kleiner, bis sie schließlich ganz verschwinden. Dann müssen die Blutkörperchen wieder in die Lunge marschieren, um neue Ladung aufzunehmen. Im Blut unterwegs sind außerdem die weißen Antikörper (kleine weiße Raumschiffe mit Raketenwerfern), Fresszellen, die sich alle naselang auf böse Eindringlinge stürzen und sie dem Boden gleichmachen, ein paar Salz- und Zuckerstreuer und natürlich die Viren und Bakterien mit ihren krummen Hakennasen und dem verschlagenen Blick.

Also, wer die Abläufe im Körper auf diese Art nicht versteht, ist echt ein hoffnungsloser Fall!

Dr. Stankov erklärt mir die Lungenembolie ähnlich anschaulich: Im Venensystem (also den Blutbahnen, in denen die kleinen Männchen ohne Sauerstoffkügelchen auf dem Rücken unterwegs sind), meistens in den tiefen Beinvenen und im Unterschenkel- und Kniebereich, bilden sich Blutgerinnsel. Die Blutkörperchen machen da also einen Auflauf, verweigern das Weitergehen. Ähnlich wie bei einer Demo, auch wenn die Gründe ein wenig anders sind: Krampfadern, langes Liegen, langes Sitzen mit angewinkelten Beinen, Veränderungen der Gefäßwand, zu dickes Blut, genetische Gerinnungsdefekte und dergleichen mehr. Passenderweise wird diese Krankheit aber auch Economyclass-Syndrom genannt, und damit dürfte klar sein, wann und bei wem eine derartige Sache statistisch gesehen am häufigsten zu erwarten ist.

Die Blutgerinnsel, im Fachjargon Thromben genannt, führen in den Beinen zu einem Blutstau. Die Beschwerden, die ein Patient hierbei haben kann, reichen von einer verstärkten Venenzeichnung, der Bildung von oberflächlichen Krampfadern, einer Schwellung der Beine durch aufstauendes Blut und Flüssigkeit bis hin zu einhergehender Schwere in den Beinen und Schmerzen, können aber auch vollkommen ausbleiben und vom Patienten nicht bemerkt werden. Der Schmerz als Warnsignal des Körpers fällt in dem Fall also aus, was auch die besondere Tücke der Erkrankung ausmacht.

Die Thromben bleiben eine ganze Zeit lang oder aber für immer in der Vene stecken und verstopfen das Gefäß damit dauerhaft. Sie können sich jedoch auch ohne Folgen wieder auflösen, das nennt man dann körpereigene Fibrinolyse – ein Glücksfall der Selbstheilung, der von religiösen Fanatikern gern als Wunderheilung gefeiert wird. Gefährlich wird es jedoch dann, wenn sich die Thromben en bloc lösen und dann als sogenannte Embolie über das tiefe Venensystem und via rechte Herzkammer in den Lungenkreislauf gelangen. Dort können diese Embolien dann die Lungenstrombahn akut oder Stück für Stück verstopfen.

Die Folgen: Sauerstoffarmes venöses Blut (also die Blutkörperchen ohne Ladung auf dem Rücken) kann nicht mehr in ausreichendem Maß in der Lunge mit Sauerstoff angereichert werden, was zwangsläufig zum Leistungsdefizit und zur Atemnot führt. Außerdem staut sich jetzt das Blut auch in diesem Bereich zurück und belastet das davorliegende rechte Herz, was unglücklicherweise zu Herzvergrößerung und, wenn es ganz dumm läuft, zu Herzinsuffizienz und Rhythmusstörungen führen kann. Die davorliegende Vena cava bläst sich auf wie ein Ballon, und auch die Leber macht einen auf dicke Hose. (Was bei meinem Vater, der dem Alkohol eher zu- als abgeneigt ist, mit Sicherheit schwer zu diagnostizieren gewesen wäre …)

Nun hat der Patient, der an einer Lungenembolie erkrankt ist, also ein Problem: Die Lungengefäße sind verstopft, sein Blut wird nicht ausreichend mit Sauerstoff versorgt. Es gibt einen Rückstau ins Herz und in die Leber. Was bei Herzinsuffizienz und einer krankhaften Vergrößerung der Pumpe passieren kann, ist selbst dem unbescholtensten Patienten bewusst. Und weil das Herz, das mit der Angelegenheit eigentlich gar nichts zu tun hat, auch nicht schuld an den Thromben oder dem Rückstau ist, seinen Dienst dann aber trotzdem verweigert, werden die Folgen einer Lungenembolie oft irrtümlicherweise für einen Herzinfarkt gehalten. Und falsch behandelt. Kurzum: Der ganze Kerl ist am Arsch.

Jetzt, wo ich das ganze Fachchinesisch übersetzt bekommen habe, kommt mir das Ganze noch schlimmer vor. Was ich gerade verstanden habe, gefällt mir nämlich gar nicht.

»Was Sie mache jetzt?«, fragt Dr. Stankov.

»Ich – ich weiß nicht«, stottere ich, »wir versuchen, einen Flug für meine Mutter zu buchen.«

»Melde Sie sich, Fräulein Wittmann, wenn Ihre Vater ist wieder hier. Kann man mache neue Termin.«

»Okay. Aber sagen Sie mal, was ist denn eigentlich schlimmer – Herzinfarkt oder Lungenembolie?«

Dr. Stankov lässt Luft durch seine Zähne pfeifen. »Pfff … kann man so nicht sage.«

Das hatte ich befürchtet.

»Aber«, meine Stimme zittert, »es ist doch beides … heilbar?«

»Natürlich, meine Liebe. Kann man alles repariere.

Kann man alles repariere!« Seine Worte lassen mich für eine Moment ganz fest an Papas Genesung glauben. Doch bevor ich diesen Stankov Stein und Bein schwören lassen kann, hat er sich auch schon von mir verabschiedet und aufgelegt.

Nach dem Gespräch sitze ich noch einen Moment allein auf dem Sofa im Wohnzimmer. Mein Vater hat gewusst, dass etwas mit ihm nicht stimmt. Wäre er sonst auf die Idee gekommen, für Samstagvormittag, dem ersten Tag nach seiner Rückkehr, einen Termin mit einem Kardiologen zu vereinbaren? Wohl eher nicht. Dass er sich in den letzten Tagen selbst behandelt hat, treibt mir die Galle hoch. Das ist doch unglaublich, was diese Ärzte sich alles rausnehmen! Sich selbst Betablocker verschreiben! Sich selbst ein EKG anlegen! Sich selbst gestatten, ins Flugzeug einzusteigen – also das ist doch wirklich sittenwidrig. Ich verlange die Ethikkommission, ich verlange Amnesty International, ich verlange die Kassenärztliche Bundesvereinigung und den Gesundheitsminister: Das ist nicht okay! Ihr habt für jeden Scheiß Gesetze und Abrechnungsziffern und verschreibungspflichtigen Mist, aber anscheinend ist noch niemand auf die Idee gekommen, dass Ärzte einen eigenen Gesundheitscheck brauchen, weil sie nicht in der Lage sind, sich selbst zu behandeln. Das kann nur ein Schuss in den Ofen sein, wenn ein Arzt sich selbst therapiert. Haben Sie schon mal von einem Rechtsanwalt gehört, der sich bei einem Kapitalverbrechen erfolgreich selbst verteidigt hat? Ein Autor, der seine eigenen Bücher lektoriert? Ein Lehrer, der sich selbst unterrichtet? Ein

Bestatter … na gut, hier hört der lustige Vergleich auf. Bei der Polizei werden Beamte von den Ermittlungen abgezogen, wenn Familie oder Bekannte in den Fall involviert sind. Man nennt das Befangenheit. Das ist die Unfähigkeit, objektiv zu entscheiden und zu beurteilen. Ich stelle hiermit einen Antrag, dass der gesamten Weißkittelfraktion, und damit meine ich wirklich jeden Arzt, egal ob Pneumologe, Diabetologe oder ordinärer Landarzt, kategorisch und systematisch verboten wird, sich selbst zu behandeln. Diese Form der grenzenlosen Selbstüberschätzung der eigenen Gesundheit endet nämlich bestimmt in viel zu vielen Fällen tödlich.

3. Reif für die Insel

Die kommenden Stunden gehen vorbei wie im Flug, auch wenn selbiger nach China wohl noch bis nach dem Wochenende warten muss. Wir telefonieren viel, sprechen mit den Angestellten meines Vaters und reaktivieren Dr. Kalbfleisch, der die Praxis in den letzten Wochen geführt hat. Wir rufen bei Freunden und bei der Familie an, und dass das Netzwerk funktioniert, bemerken wir daran, dass wir plötzlich auch von den Leuten angerufen werden, die wir noch gar nicht erreicht haben.

Die Nachricht, dass mein Papa, der Mann, der nie krank wird, Dr. Wittmann, Verzeihung: nur Wittmann, nun doch krank geworden ist, und zwar nicht zu knapp, zieht große Kreise. Alle sorgen sich um ihn. Mein Vater, das merke ich an diesem Tag einmal mehr, ist ein beliebter Mensch. Ein bescheuerter, egoistischer, adrenalingeiler, aber ausgesprochen beliebter Mensch. Immer wieder bieten sich unsere Freunde an, ihre Kontakte rund um die Welt spielen zu lassen. Der Mann einer unserer langjährigen Arzthelferinnen gibt uns die Nummer einer Visumsagentur, ein anderer kennt jemanden, der Chinesisch spricht. Und wieder ein anderer sagt, dass er jemanden kennt, der jemanden kennt, der von einem anderen gehört hat, dass er schon mal in Shanghai gewesen sei. Alle helfen mit, irgendwie, und wir bekommen so viel Hilfe angeboten, dass wir gar nicht wissen, was wir damit anfangen sollen. Vielleicht könnte mal jemand vorbeikommen und uns unter die Dusche stecken, denn zwei Drittel des Krisenstabs sind noch im Schlafanzug und fangen langsam an zu müffeln.

Meine Schwester muss in die Schule. Meine Mutter und ich bleiben zurück, die Handys in der Hand, den Laptop auf dem Schoß. Die Reederei schreibt und schickt uns den Kontakt zu ihrem Agenten in Shanghai, außerdem den Namen und die Anschrift des Krankenhauses, in dem sich mein Vater befindet. Langsam tröpfeln die Informationen ein, und noch viel langsamer setzt sich vor unseren Augen ein Bild zusammen. Wir begreifen nach und nach, was passiert ist. Und so dämmert uns auch, dass wir keinen Flug buchen müssen, wenn wir noch kein Visum haben, um nach China einzureisen.

»Die schicken Sie direkt wieder zurück, wenn Sie in China ankommen«, sagt der Mann unserer Arzthelferin, der sich auszukennen scheint. »Ich trau mich fast nicht, es Ihnen zu sagen, aber die haben jetzt Wochenende in der Botschaft.«

Ich schaue auf die Uhr. Es ist grad mal kurz nach zehn! Nicht mal deutsche Beamte machen da Feierabend. Höchstens mal eine kleine Kaffeepause.

»Sie werden frühestens wieder am Montag aufs Konsulat gehen und ein Eilvisum beantragen können. Das dauert dann mindestens zwei Tage, bis Sie das bekommen – rechnen Sie also nicht vor Mittwoch damit, nach China fliegen zu können.«

Wow. Das sind beeindruckend schlechte Neuigkeiten. Irgendwie beschleicht mich das Gefühl, in einer echt miesen Zeitmaschine ins Mittelalter gereist zu sein. Was ist denn mit diesen ganzen Staatenbündnissen eigentlich passiert? Wir sind in der UNO, in der NATO, haben Kulturprogramme mit Hongkong und bestellen zweimal im Monat Pekingente beim Chinesen um die Ecke, aber in einem außerordentlichen Notfall können wir nicht nach China einreisen, sondern müssen ein unerträglich langes Wochenende zu Hause rumsitzen und die Füße stillhalten. Wir haben wirklich »Glück«, dass Papa offensichtlich nicht in Lebensgefahr schwebt. Was wäre gewesen, wenn uns das Krankenhaus angerufen und uns mitgeteilt hätte, dass meinem Vater nur noch achtundvierzig Stunden blieben? Würde man dann ein Eil-Eilvisum bekommen? Vermutlich nicht. Man säße dann also in Deutschland und wüsste, dass man nichts machen könnte, außer ein paar Glückskekse zu knacken, weil die Chinesen in der Botschaft nach halb zehn am Freitagvormittag keine Anträge mehr annehmen. Oder passiert so was nur in *Grey's Anatomy*? Und ist das Szenario nur dann denkbar, wenn man jemanden kennt, der über einen Learjet und eine internationale Flugerlaubnis verfügt?

Überhaupt stört mich die Extravaganz der ganzen Geschichte. Ich habe schon von Freunden gehört, die ihre Eltern in Hamburg, in Wernigerode, wenn es hart auf hart kam, vielleicht mal nach einem spektakulären Skiunfall in St. Moritz abholen mussten. Ich habe noch nie von jemandem gehört, der für den Krankenbesuch eines Elternteils um die halbe Welt gejettet ist.

In einem anderen Zusammenhang würde das vielleicht kosmopolitisch und sehr schick klingen: »Ich muss mal rasch nach Shanghai, bin am Ende der Woche wieder da.« In unserem Zusammenhang ist die Tatsache, dass mein Vater ausgerechnet in China kollabieren musste, extrem unluxuriös.

Aber irgendwie auch passend. Wenn ein Lehrer, ein Pilot oder Bankberater Urlaub hat, legt er sich in irgendeinem wohltemperierten Land an den feinen Sandstrand, schnürt sich die Wanderstiefel oder besteigt ein Flugzeug und fliegt an einen kulturell ansprechenden Ort, um mal ein paar Wochen abzuschalten. Die ganz Harten machen sogar Urlaub auf Balkonien und spannen in den eigenen vier Wänden mal so richtig aus. Aber Ärzte? Die haben eindeutig ein Adrenalinproblem! Die müssen immer Halligalli um sich rum haben, die müssen merken, dass sie leben, und deswegen fahren sie höchstens an einen Strand, um von dort aus in ein Boot zu steigen und zum Apnoetauchen rauszuschippern, seilen sich von der Eigernordwand ab und steigen allerhöchstens in ein Flugzeug, um sich in dreitausend Meter Höhe mit einem Fallschirm auf dem Rücken aus der Maschine zu werfen. Das ist doch total banane, diese permanente Suche nach dem Adrenalinkick.

Und enorm unpraktisch. Denn das Visum bekommen wir, wie wir einen halben Tag später wissen, nur, wenn wir eine Flug- und Hotelbestätigung, einen Schrieb vom Krankenhaus sowie eine Bestätigung der Reederei, dass bei uns alles mit rechten Dingen vor sich geht, vorlegen. Den Flug können wir aber nicht buchen, weil wir kein Visum haben. Ein wirklich fantastisches System, um Spontanurlauber und Kurzfristige davon abzuhalten, nach China einzureisen. Ich schreibe auf meine To-do-Liste lieber vorsorglich noch: polizeiliches Führungszeugnis, Unbedenklichkeitsbestätigung vom Gesundheitsamt, Briefwahlunterlagen und die notariell beglaubigte Urkunde vom Ehevertrag meiner Eltern – das ist doch total irre, was die Chinesen alles haben wollen, nur weil man in ihr Land einreisen will. Hallo? Schon mal was von Gastfreundschaft gehört?

»Aber Papa will bestimmt sowieso nicht, dass wir kommen«, sagt meine Mutter mit belegter Stimme.

Ich wiederhole meine Aussage vom Morgen, um sicherzugehen, dass meine Mutter begreift, wie schnurzpiepegal mir Papas Animositäten derzeit sind: »Was Papa will und was nicht, ist mir in diesem Moment wirklich herzlich wumpe.«

Apropos wumpe: In diesem Moment fällt mir ein, dass sich mein Freund den ganzen Vormittag noch nicht gemeldet hat. Er ist im Skiurlaub, und als ich ihn heute Morgen um sieben Uhr aus dem Schlaf gerissen habe, hatte ich das Gefühl, dass er nur Bruchstücke von dem versteht, was ich ihm zu sagen hatte. Bei meinem Freund ist das nicht weiter verwunderlich, der schläft wirklich den Schlaf der Gerechten. Wenn ich ihn wecke und damit aus der Tiefschlafphase hole, sagt er manchmal so komische Sachen wie »Habt ihr es über die Grenze geschafft?« oder fragt, wo die anderen sind. Minuten später kann er sich an nichts mehr erinnern, und ich liege brüllend vor Lachen auf dem Boden, weil sein verdutztes Gesicht, wenn ich ihm davon erzähle, einfach zum Schreien komisch ist.

Dieses Mal stören mich sein allzu tiefer Schlaf und die posttraumatische Verwirrung aber sehr. Ich versuche, ihn auf dem Handy zu erreichen, und erwische ihn schließlich, als er mitten im Stubaital gerade aus der Gondel steigt.

»Daniel, wieso meldest du dich denn nicht?«

»Wieso, was ist denn passiert?«

»Alter, mein Vater ist im Krankenhaus!«

Daniel ist sprachlos. »Oh, krass. Dann war das gar kein Traum.«

»Nein, du Kamel!« Genau das hatte ich befürchtet.

Daniel fängt das Stottern an. »Ach, krass, und ich dachte noch, wieso träum ich so einen Mist … Wie geht's ihm? Was ist passiert?«

Vielleicht ist es der Tatsache zuzuschreiben, dass ich mit dem einzigen Menschen telefoniere, an den ich mich anlehnen kann, vielleicht dem Umstand, dass ich seit Stunden funktioniere, ohne dabei den Verstand zu verlieren: In diesem Moment brechen bei mir alle Dämme.

Daniel scheint endlich zu begreifen, dass es sich nicht nur um einen Schnupfen handelt. Und fängt auch an zu weinen.

Na toll, ich dachte, jetzt bin ich mal an der Reihe.

»Ich komme sofort nach Hause«, sagt er, als er sich wieder gefangen hat.

»Nein, so ein Quatsch«, unterbreche ich ihn, »du kannst hier nix tun, wir sitzen auch nur rum.«

»Ist egal. Ich komme.«

Sofort packt mich das schlechte Gewissen, und ich kann verstehen, wie Papa sich fühlen musste, als Mama ihm angedroht hat, dass sie den nächsten Flieger nach China nimmt. Es ist absurd, denn eigentlich wünscht man sich nichts mehr, als dass der, den man liebt, bei einem ist. Man es gemeinsam durchsteht. Andererseits fühlt man sich schuldig, weil der andere seinen Urlaub, sein normales Leben, seinen Alltag aufgibt und alle Planung über den Haufen schmeißt, um bei einem zu sein. Der gravierendste Unterschied zwischen mir und meinem Vater ist dabei jedoch, dass mein Freund nur ein paar hundert Kilometer von mir entfernt ist, wir von meinem Vater etwas mehr als 9.000. Das ist eine ganze Ecke mehr. Ich kann mir also nur ansatzweise vorstellen, wie zerrissen mein Vater sich fühlen muss, wenn meine Mutter einen vollkommen überteuerten Flug nach Shanghai nimmt, um bei ihm zu sein. Gleichzeitig will keiner von uns in einer solchen Situation gern allein sein. Vielleicht ist tatsächlich jeder Mensch eine Insel, aber wenn das wirklich so ist, dann möchte ich zumindest beweisen, dass wir die Kanaren sind. Oder die Balearen. Oder irgendein griechischer oder philippinischer Archipel. Wir sind nicht Grönland! Oder Madagaskar. Oder die Falklandinseln. Wir lassen niemanden vom Team zurück, nur um den Auftrag zu Ende zu bringen. Wir sind der Auftrag.

4. Komm du mir nach Hause!

Am Ende des ersten Tags versammelt sich der Krisenstab im Wohnungsflur meiner Eltern. Mama und ich haben unsere Schlafanzüge inzwischen gegen richtige Kleidung eingetauscht, mein Freund ist nach einer staureichen Fahrt auch endlich zu Hause angekommen, Anne und Janek sitzen auf der Kommode und halten sich mit verlorenem Blick an den Händen.

Wir haben heute einiges getan und manches erreicht. Das Visum wird meine Mutter vor dem Wochenende sowieso nicht mehr erhalten, also wird sie es erst am Montag beantragen und frühestens Mittwoch in den Flieger steigen. Mir graut's vor dem Wochenende. Was macht man an einem Wochenende wie diesem? Anne und Mama neigen zu einfachen Tätigkeiten (mal wieder mit der Hand spülen, Belege für die Steuererklärung sortieren, Dinge von A nach B tragen), und ich traf vorhin meine Mutter im Waschraum an, wo sie heulend ihre Strickjacke mit so einem Fusselrasiererdings bearbeitete.

»Ich mache nur Mist heute!«, schluchzte sie.

Anne wischte in der Zeit die Küchenschränke aus. »Muss ja, muss ja«, brabbelte sie.

Die Jungs standen den halben Tag deplatziert im Weg herum, zu hilflos, um sich eine eigene Aufgabe zu suchen, zu überfordert, um uns Lappen und Fusselrasiererdings aus der Hand zu nehmen.

Irgendwann beschließt Janek, dass wir alle Trostessen brauchen, und bestellt aus Solidarität mit Papa beim Chinesen. Und er bringt Glückskekse mit.

Mama lässt ihren Keks krachen und popelt das kleine weiße Papier aus den Kekshälften.

»Eine unabänderliche Situation sollte man sich zum Freund machen«, liest sie vor, dann sieht sie auf. »Was ist das denn für eine Kacke?«

Dann weint sie wieder.

Daniel knackt seinen Glückskeks. »Du wirst das Abenteuer finden, oder das Abenteuer findet dich.« Er sieht mich mit einem lieben Blick an. »Ja, stimmt, langweilig wird's bei euch nie.«

Dann bin ich dran. Ich breche den Glückskeks durch und ziehe den kleinen Papierstreifen aus seiner Mitte. Was ich lese, macht mich für einen Moment sprachlos: »Fröhlichkeit und Mäßigkeit sind die zwei besten Ärzte.«

Ein Glückskeks ändert also tatsächlich nicht dein Leben.

Eine halbe Stunde später sitzen wir alle appetitlos und schweigend am Tisch und kauen auf den geschmacklosen Sojasprossen des Chopsueys rum. Mama, Anne und ich haben unsere Migränegesichter. Wir sind bleich und haben große dunkle Ringe unter den Augen. Noch hat keine von uns Kopfschmerzen, aber wir wissen, dass das viele Geheule am heutigen Tag seinen Tribut fordern wird. Daher nehmen wir alle vorsichtshalber eine Schmerztablette. Daniel hat zwar keine Schmerzen, nimmt sicherheitshalber aber auch eine.

Es ist seltsam, aber gerade sind wir nicht wie eine Familie, sondern eher wie ein Rudel, das versucht, möglichst viel Nestwärme herzustellen. Wenn einer von uns zur Toilette muss, kündigt er das an, als bestünde die Gefahr, dass er von dort nicht mehr zurückkommt. Das ist irritierend, und so viel Nähe sind wir alle nicht gewöhnt.

Unsere Gespräche kreisen an diesem Abend nur um meinen Vater. Ein bisschen ist das, auch wenn es noch so makaber klingt, wie bei einer Beerdigung und dem anschließenden Leichenschmaus. Weil Papa nicht da ist, wir uns aber fürchterliche Sorgen um ihn machen, müssen wir uns die verrücktesten Geschichten über ihn erzählen, müssen ihn herholen zu uns, und sei es nur in Worten und Gedanken. Die meisten Sätze des Abends beginnen deswegen mit »Weißt du noch?« und enden mit »So ein Spinner!«. Und was wir sagen, quillt über vor Zuneigung, Liebe und Sehnsucht nach ihm. Er fehlt uns. Er fehlt uns in diesen Stunden so sehr, wie er uns noch nie gefehlt hat.

Wenn er sich in der Vergangenheit auf eine seiner großen Reisen aufgemacht hat, war er in den Wochen vor dem Abflug immer so hibbelig und anstrengend, dass wir alle einmal leise aufatmeten, wenn er dann im Flugzeug saß. In den Tagen seiner Abwesenheit ist es immer ungewohnt still im Haus. Das ist am Anfang ganz schön, nach ein paar Wochen merken dann aber alle, dass dem Wagen ein Rad fehlt und wir uns im Schlingerkurs befinden. Und dann, kurz bevor er wieder nach Hause kommt, freuen wir uns alle wie verrückt. Wenn Papa wegfährt, kann man sich immer zweimal freuen: Einmal, wenn er wegfährt, und einmal, wenn er wiederkommt.

Das Gefühl, dass Papa vielleicht nie wieder nach Hause kommt, hat mir wie nichts zuvor deutlich gemacht, wie lieb wir diesen kranken Spinner eigentlich haben, selbst wenn er uns an neuneinhalb von zehn Tagen mit seiner aufgekratzten, überheblichen und besserwisserischen Art in den Wahnsinn treiben kann.

Papa fehlt. Auch weil er der Chef dieses verrückten Geschwaders ist, der, der immer einen Plan hat, der nicht lang fackelt, sondern tut. Mein Vater ist niemand, der sich mit Jammereien aufhält, sondern immer sofort nach einer Lösung sucht. Anamnese, Diagnose, Therapie. Und das ein Leben lang.

Auf uns alle hat das abgefärbt. Wir sind eine Macher-Familie. Wenn wir merken, dass Plan A nicht funktioniert, entwerfen wir innerhalb kürzester Zeit einen Plan B, einen Plan C und einen Absolut-allergrößter-Notfall-Plan-D. Wir denken nach vorn und halten uns nur selten mit den Überlegungen auf, wie irgendetwas warum und überhaupt passieren konnte. Daher sollten wir auch schon mal einen kompletten Heimkehr- und Reha-Plan für meinen Vater aufstellen. Der wird sich freuen.

»Das Eine sage ich dir«, trompetet meine Mutter, die endlich zu weinen aufgehört hat und wutentbrannt ihre Gabel in der Luft herumschwenkt, »der geht in Reha. Und wenn es das Letzte ist, was er tut!«

»Was macht man eigentlich in der Reha?«, fragt Daniel.

»Wassergymnastik, Bewegungstherapie, Entspannung, Gesprächskreis …« Meine Mutter zählt parallel mit den Fingern mit.

Wir sehen uns schockiert an.

»Kannst du dir vorstellen, dass Papa auf einer Poolnudel in einem lauwarmen Becken zwischen den Veteranen rumdümpelt und danach zur Gesprächstherapie geht?!«, frage ich mit hochgezogenen Augenbrauen.

Schweigen. Ich bin mir sicher, dass wir alle gerade dasselbe Bild vor Augen haben: Mein Vater, der, mit einer Poolnudel im Arm und der Golftasche über der Schulter, aufgebracht vor einem Therapeuten steht und mit den Armen wedelt: »Für so was habe ich jetzt keine Zeit! Kann man das nicht beschleunigen?!«

Ich muss lachen.

Mama grinst.

»Wie bekommt man eigentlich eine Thrombose?«, fragt Anne.

»Wahrscheinlich hat er die vom langen Hinflug bekommen. Der hat mal wieder nicht genug getrunken, da gehe ich jede Wette ein«, ereifert sich Mama. »Wenn der wieder heimkommt, der darf nix mehr! Der wird ans Sofa gekettet!«

Solange ich denken kann, hat sich Papa immer über Mama lustig gemacht, weil sie dauernd aufs Klo muss. Sie verlässt nie ohne eine 0,5-Liter-Flasche Wasser das Haus, und wenn man lange genug sucht, findet man unter dem Sitz in ihrem Auto bestimmt auch noch ein paar alte, steinharte Gummibärchen, nur für den Fall, dass einer von uns mal ins Zuckerkoma fallen sollte. Wenn sie fliegt, jagt sie sich vor

Langstreckenflügen Heparinspritzen in den Oberschenkel und trägt garantiert diese hässlichen gelbwurstfarbenen Thrombosestrümpfe. Und wenn sie mit Papa zusammen fliegt, zwingt sie ihn, dasselbe zu tun. Na ja, bis auf die Strümpfe. Aber immerhin bringt sie ihn dazu, mehr Wasser als sonst zu trinken. Und sich einzucremen. Da sie Papa nie auf eine seiner Höhenexpeditionen begleitet hat, hat das mit dem Eincremen folgerichtig auch nicht von allein funktioniert. Daher die aktinische Keratose. Und wie sich später herausstellen soll, hat Papa auf dem gesamten Hinflug, der immerhin zweimal zwölf Stunden dauerte, keinen einzigen Tropfen Wasser zu sich genommen. Den Rotwein zum Essen ziehen wir jetzt mal ab, der gilt nicht. Mein Vater trinkt möglichst nichts, höchstens etwas mit ein paar Prozenten, stilles Wasser ist ihm ein Graus. Früher behauptete er gern, ein Kamel zu sein, das mit einem Liter Flüssigkeit drei Tage überleben könne. Ich kann nur vermuten, dass ich diesen Satz nie wieder hören werde. Der wird den Anschiss seines Lebens kassieren, wenn Mama ihn in die Finger bekommt! Eine Lungenembolie als Konsequenz einer Thrombose, die dazu auch noch selbstgemacht ist, weil man sich weigert, zu trinken. Plus die Krebsvorstufe in Ermangelung von adäquaten Eincremefähigkeiten. Bis heute! Auweia. Oder aber sie wird schweigen, ganz fies schweigen, die schlimmste Strafe überhaupt.

Und es wird ganz sicher noch schlimmer ausfallen als damals, als ich meiner Schwester Juliane, sie war gerade eingeschult worden, eine neue Frisur gemacht habe. Mit einer Rundbürste, die ich meiner Mutter aus dem Kosmetikschrank gemopst hatte. Strähne für Strähne wollte ich Jules Haare aufrollen, um ihr Locken zu machen. Doch ich kam nicht weit. Bereits nach dem Durchgang musste ich trotz Zerrens und Ziehens feststellen, dass sich die Rundbürste ins Haar verbissen hatte und ich weder das Frisiergerät noch die Haare freibekam. Die Not war groß. Also griff ich kurzerhand zu einer Schere und schnitt die Haare am Ansatz ab. Froh über diese einmalige Lösung, setzte ich die Schönheitsbehandlung fort.

Irgendwann, als Julianes lange blonde Haare nur noch eine Erinnerung an damals waren und ihr die ungleichmäßigen Stoppeln in unterschiedlichen Längen vom Kopf abstanden, betrat meine Mutter das Badezimmer. Sie starrte eine Weile auf ihre sechsjährige Tochter, die wie ein gerupftes Huhn im Windkanal aussah, und sagte nichts. Ich stand da, die verräterischen Beweisstücke Schere und Rundbürste immer noch in der Hand. Ihr Schweigen war für mich damals das Allerschlimmste.

Für einen kurzen Moment empfinde ich Mitleid mit meinem Vater. Dann denke ich an das, was wir in den letzten zwölf Stunden mitgemacht haben, und meine Sentimentalität löst sich in nichts auf.

»Ja, aber hat der nicht Durst gehabt?«, fragt Daniel.

Meine Mutter schüttelt den Kopf. »Wenn du seit Jahren darauf trainiert bist, mit viel zu wenig Wasser auszukommen, dann hast du kein Durstgefühl mehr. Oder sagen wir mal so: Du stehst auf den Kick, Herr über deinen Körper zu sein und dich vom Durst nicht fertigmachen zu lassen.«

»Wow«, sagt Janek. »Nicht vom Durst fertigmachen lassen. Das klingt echt … bescheuert.«

»Und das alles nur, weil er nicht gern aufs Klo geht«, schließt Mama und schenkt sich einen weiteren Schoppen ein.

Fast wie bei Tante Erika. Die machte auch nicht gern in die Windeln und zog sie sich deswegen immer aus. Clever.

Ich fasse das noch mal zusammen, damit die Absurdität des Ganzen wirklich nicht verloren geht: Weil mein Papa nicht gern zur Toilette geht, trinkt er nicht. Und weil er nicht trinkt, kriegt er eine Thrombose. Und weil er eine Thrombose hat und sich die letzten sieben Tage mit Verdacht auf Herzinfarkt selbst behandelt hat, liegt er jetzt im Krankenhaus in Shanghai, und wir Hysteriker sitzen den halben Tag heulend zusammen und pfeifen uns die Elektrolyte rein. So einfach ist das.

Und wenn ich weiter darüber nachdenke, überkommt mich beinahe so etwas wie das Gefühl von Stolz. Ich fühle mich ein bisschen wie ein Rockstar. Denn *meine* sämtlichen Krankheiten kommen wenigstens von viel gutem Essen, sehr reduziertem Bewegungsdrang und einer über Jahre gepflegten Nikotinsucht und nicht von etwas so Bescheuertem, wie das Trinken zu verweigern!

»Aber eine Thrombose«, wende ich ein, die ich mich mit dicken Beinen (auch krankheitsbedingt) auskenne, »tut das nicht höllisch weh?«

»Papa hat gesagt, er hatte keine Schmerzen«, sagt Mama, und ihrem Gesichtsausdruck sehe ich an, dass sie dieser Aussage genauso viel Glauben schenkt wie der Eilnachricht, dass führende Astrophysiker der USA herausgefunden haben, dass die Erde doch eine Scheibe ist.

Dass mein Vater an einer Altfrauenkrankheit beinahe gestorben wäre, macht mich heute noch fertig. Früher dachte ich immer, mein Vater stirbt bei einem spektakulären Unfall. Meine Mutter ist die, die sich mit chronischen Sachen rumschlägt, und doch ist es nie lebensgefährlich. Jedenfalls habe ich noch nie davon gehört, dass ein Fersensporn einen Patienten ins Grab bringt. Aber wie kann man denn bitte nicht merken, dass man Thrombose-gefährdet ist? Mir dröhnen ja schon die Waden, wenn das Thermometer mal über 28 Grad klettert, ich lege mich bei Flügen in fester gelbwurstfarbener Bestrumpfung mitten in der Nacht auf den Boden der Kabine, radele mit den Beinen in der Luft und stöhne dabei vor Schmerzen – wie KANN einem nicht auffallen, dass man sechs Wochen lang eine Thrombose hat?

Meine Mutter zuckt mit den Schultern. »Als der auf dem Montblanc war, hat er auch nicht gemerkt, dass er höhenkrank wurde. Den New-York-Marathon ist er mit Keuchhusten gelaufen. Und den Leistenbruch hat er sich erst operieren lassen, als er sich die Hose nicht mehr allein hochziehen konnte. Ehrlich gesagt wundert mich nichts mehr.«

Mein Vater hat immer aufsehenerregende Sportarten ausgeübt. Er hat Bungeejumping gemacht und

Paragliding, war im Himalaja und in der Antarktis. Er war immer auf der Suche nach großen Abenteuern, hat dem Leben die Stirn geboten, das Risiko gesucht, war abhängig vom Adrenalin und dem aufregenden Gefühl, seinen Kopf noch einmal aus der Schlinge gezogen zu haben.

Dieses Mal, da bin ich mir sicher, muss er den härtesten Kick seines Lebens gehabt haben.

5. Wohin die Reise geht

Am nächsten Tag beschließe ich, meinem Vater eine Nachricht zu schreiben. Sie soll witzig und auch ein bisschen gemein sein. Ich will Stärke demonstrieren, will ihm zeigen: Wir klappen hier nicht alle zusammen, wir funktionieren. Wir halten die Stellung, bis du wieder da bist. Wir haben alles im Griff und noch immer nicht unseren Humor verloren.

Im Gewand einer SMS klingt das dann so:

LIEBER PAPA, WAS MACHST DU NUR FÜR SACHEN? HEIMLICHE E-MAIL-KONSULTATION EINES KARDIOLOGEN UND DANN AUCH NOCH ZUSAMMENKLAPPEN! KOMM DU MIR NACH HAUSE! ☺ UND BITTE BALD, WENN'S GEHT: WIR VERMISSEN DICH SCHRECKLICH UND SIND IN GEDANKEN BEI DIR: HALT DURCH, UND BESSERE DICH, AB JETZT KEINE FAXEN MEHR: WIR UMARMEN DICH, CARO (STELLVERTRETENDE CHEFIN DES KRISENKOMITEES)

Als ich die SMS später meiner Schwester zeige, hält sie die Nachricht und somit auch die Verfasserin für unsensibel. In diesem Moment begreife ich, dass ich, die ich von meinem Vater immer mit seiner medizinischen Autorität abgemahnt wurde, nun zu meinen eigenen Waffen greife, den Waffen der Sprache. Das ist mein Weg, mit der Situation umzugehen. Zum ersten Mal verstehe ich aber auch, dass Professionalität, Geistesgegenwart und Humor die beste Medizin sein können, um nicht in heillose Panik zu verfallen.

Später am Tag telefoniere ich mit einem befreundeten Chirurgen. Das sind die Schlachter der Medizin. Wenn es nix zu schnippeln gibt, kann es so schlimm nicht sein. Das bestätigt sich auch, als ich ihm von Papas Zustand berichte.

»Ist er intubiert?«

»Äh, nein. Er kriegt nur Sauerstoff, atmen kann er selbst.«

»Ach so. Na dann ...«

Ich bin beleidigt. Was heißt hier »Na dann«? Nur weil meinem Vater auf dem Weg zum Flughafen kein Arm abgefallen ist, heißt es nicht, dass die Lage nicht ernst ist. Ganz im Gegenteil: Es ist trotzdem schlimm! Er ist vielleicht aus der roten Zone raus, aber was die Langzeitschäden angeht, haben wir keine Ahnung, wie es um ihn steht. Und nur weil man ihm keinen Beatmungsschlauch in den Rachen geschoben hat, ist es nicht weniger dramatisch für uns. Wäre mein Vater in das Flugzeug nach Istanbul gestiegen, hätten wir ihn am Flughafen wahrscheinlich in einem Leichensack in Empfang nehmen dürfen. Dann hätten sich nämlich durch den veränderten Luftdruck mit ziemlicher Sicherheit noch mehr dieser blöden Blutgerinnsel gelöst, und es wären noch weitere Embolien dazugekommen. Nur weil mein Vater den Absprung von der Schippe des Todes im letzten Moment geschafft hat, ist es keine Lappalie. Nur weil er kein neues Herz oder eine neue Lunge oder zumindest einen technisch anspruchsvollen chirurgischen Eingriff braucht, trifft es uns nicht weniger. Innere Medizin ist keine Kosmetik. Allmächtiger, muss ich das jetzt wirklich einem Mann vom Fach erzählen?!

Ich beruhige mich, als mir klar wird, dass mein Vater wahrscheinlich genau wie der befreundete Arzt reagieren würde. Selbst wenn es schlimm wäre, würde er es nicht zeigen. Ärzte sind Meister im Verharmlosen, weshalb es dafür sogar ein eigenes Wort gibt: Dissimulation. Ärzte wollen Fakten, keine Emotionen. Und wenn ich ehrlich bin, kann ich das sogar verstehen. Wie sonst würde man diesen Beruf überhaupt ausüben können? Wenn man als Arzt nicht irgendwann zu der Erkenntnis gelangt, dass wir alle Fleisch sind und das Fleisch wie Gras ist, könnte man diesen Job wohl nicht ausüben.

Trotzdem bin ich gekränkt. Ich habe mich mein Leben lang mit dem Herunterspielen von Krankheiten und der Aussage, dass wir alle furchtbare Hysteriker sind, herumschlagen müssen, ich möchte zumindest einmal, zumindest dann, wenn es um meinen eigenen Vater geht, das Recht haben, so reagieren zu dürfen, wie es anscheinend in der Natur des Menschen liegt: emotional und persönlich betroffen.

Und so ganz überstanden ist die ganze Angelegenheit ja auch noch nicht. Wir haben keine Ahnung, wie es meinem Vater jenseits seiner beschwichtigenden SMS und Anrufe tatsächlich geht. Und wann er zurückkommt, vor allem: *wie* er zurückkommt, wissen wir auch noch nicht, weil nicht klar ist, ab wann er wieder fliegen darf.

Eine Freundin, mit der ich gestern telefoniert habe, schlug als Transportmittel in die Heimat die Transsibirische Eisenbahn vor. »Dann bleibt dein Alter mal auf dem Teppich.« In einem Anflug von Verzweiflung habe ich auch tatsächlich nach dem Streckenplan geguckt, dann aber festgestellt, dass die Fahrt sechzehn Tage dauert und die Route ohnehin erst ab Mai wieder befahrbar ist. Und so lange wollten wir eigentlich nicht warten.

Aber was passiert, wenn er wieder zu Hause ist? Wenn wir ihn am Stück und ohne Leichensack wieder bei uns haben? Wie geht es dann weiter? Das ist doch beängstigend, wenn so ein Arbeitstier wie mein Vater auf einmal wochenlang krankgeschrieben zu Hause rumhängen soll!

Von Anne weiß ich, dass Papa schon neue Pläne schmiedet. Von ihr hat er erfahren, dass seine Termine in der Praxis und der Notdienstzentrale allesamt abgesagt wurden. Er hat auch eingesehen, dass er den Skiurlaub an Ostern knicken kann, und langsam scheint ihm zu dämmern, dass meine Mutter sich zur Oberbefehlshaberin seiner Rehabilitation aufschwingen und ihn in den nächsten Monaten keinen Moment aus den Augen lassen wird. Also muss er umsatteln. Und scheint seine Ausfallzeit schon bestens verplant zu haben.

»Er sagt, dass er endlich weiß, worüber er seine Doktorarbeit schreiben soll«, sagt Anne. »Über die Gefahr von Thrombosen bei Langstreckenflügen.«

»Das ist ein Witz«, sage ich, weil ich es für selbigen halte.

»Keineswegs. Er meint, es sei ja nicht nur seine Schuld gewesen, dass er so wenig getrunken habe. Die Fluggesellschaft habe ihm auch nicht ausreichend Getränke beim Flug serviert.«

Da brat mir einer 'nen Storch! Wahrscheinlich kommt er als Nächstes auf die Idee, die Fluggesellschaft zu verklagen, weil er als Passagier und Arzt nicht ausreichend auf die Gefahr von Thrombosen bei einem Vierundzwanzigstundenflug hingewiesen wurde. So ähnlich wie diese Frau in Amerika, die einen Mikrowellenhersteller verklagt hat, weil in der Anleitung nicht explizit stand, dass man Katzen nicht zum Trocknen in die Mikrowelle stecken darf. Oder diese Gerichtsurteile von Lungenkrebserkrankten, die die großen Tabakgiganten verklagten, weil ihnen angeblich nicht klar gewesen sei, dass Rauchen zu Lungenkrebs führen kann.

Neben all meinem Spott und der Häme, die ich mit Sicherheit noch über ihm ausleeren werde, wenn er wohlbehalten zu Hause angekommen ist und auch seinen Humor aus dem Koffer geholt hat, finde ich die Idee aber gar nicht so schlecht. Zum einen, weil mein Vater dann eine Aufgabe hat. Nichts ist schlimmer als die Vorstellung, dass er uns ohne seine Praxis wochenlang unterfordert und gelangweilt auf die Nüsse geht. Dann lieber einen spektakulären Bericht über seine eigene Nahtoderfahrung schreiben und irgendwann bei Markus Lanz in der Sendung sitzen. Die Menschheit liebt Geschichten von Leuten, die um ein Haar abgenippelt wären, weil sie einen total riesengroßen Fehler gemacht haben, und die diese Grenzerfahrung mit einer buddhistischen Erkenntnis hinter sich bringen: Wer nicht trinkt, stirbt. In Afrika wissen das wohl noch ein paar andere, hierzulande scheint das weniger bekannt, ansonsten müsste die Volvic-Werbung im Fernsehen ja auch nicht immer so tun, als hätte sie das Ei des Columbus gefunden. Neben der Beschäftigungstherapie, die die Doktorarbeit für meinen Vater darstellen könnte, bin ich aber auch erleichtert. Nicht nur er versucht, aus der Situation (auch monetär) das Beste zu machen, ich bin schriftstellerisch in bester Gesellschaft. Ob er sich auch wenigstens ein kleines bisschen schäbig vorkam, als er an seine Doktorarbeit dachte, während wir uns um ihn sorgten? Mir jedenfalls erging es so, während mein Vater sich noch in China Sauerstoff in die Nase blasen ließ und ich die ersten Seiten dieses Buches schrieb.

Das ist jetzt zum Glück vorbei. Vor meinem inneren Auge sehe ich meinen Vater durch die Tagungssäle der Republik tingeln und Vorträge halten. Er wird ein Buch mit dem glorreichen Titel *Wasser ist Leben* schreiben und so berühmt werden wie Al Gore. Vielleicht wird er sogar Wasserbotschafter und baut mal einen Brunnen in Ruanda. Und in spätestens einem Jahr werden sich unsere beiden Veröffentlichungen an der Bestsellerliste um Platz eins schlagen, wir werden reich und glücklich und in Zukunft so viel Wasser haben, dass die internationale Gemeinschaft Anleihen bei uns kaufen muss. Klingt gut. Wir haben einen Plan.

Fehlt nur noch der Hauptdarsteller, um die Idee in die Tat umzusetzen.

6. Der italienische Patient

Als das Wochenende-Ende endlich naht und es nur noch einen Tag dauern wird, bis wir auf dem chinesischen Generalkonsulat das Visum für Mama beantragen können, telefoniere ich mit meinem Vater. Er klingt immer noch angeschlagen, und seine Stimme zittert leicht, als er mich begrüßt.

»Hallo mein Schatz«, haucht er ins Telefon, und ich weiß nicht, ob das an der Lungensache oder an der Melancholie liegt, hoffe umständehalber aber auf Letzteres. »Mir geht's ja schon so viiiiel besser.«

»Hört man«, sage ich, und gebe mir keine Mühe, meine Stimme nicht ironisch klingen zu lassen. »Wem willst du das denn weismachen, mir oder dir?«, frage ich.

»Ach, Caro«, seufzt mein Vater, und ich höre ihm an, dass es wirklich die Melancholie ist. »Du, da fällt mir was ein«, sagt er plötzlich mit einem strengeren Tonfall, »ich hab gehört, dass Mama nach Shanghai kommen will! Das ist aber wirklich Quatsch!«

Alles klar, auf dieses Gespräch bin ich vorbereitet. Ich habe gewusst, dass das kommen wird, dass er darauf besteht, ein großer Junge zu sein, der keine Hilfe braucht und erst recht – Gott bewahre! – keine Betreuerin, die ihm das Händchen hält. Deswegen und weil ich meinen alten Herrn nun auch seit ein paar Jahren kenne, weiß ich, was ich zu sagen habe.

»Papa, jetzt hör mal zu.« Ich lasse keinen Widerspruch zu. Das ist beschlossene Sache. Mein Mantra ist super. »Wir haben das hier gemeinsam beschlossen. Wir schicken Mama doch nicht nach China, damit sie deinen Rollstuhl schiebt. Wir erwarten, dass du dich wie ein vorbildlicher Patient erholst und in ein paar Tagen wieder selbst laufen kannst. Und falls du doch einen Rollstuhl brauchst, dann schiebst du ihn gefälligst selbst. Wir haben uns das genau überlegt. Wenn eine von uns am anderen Ende der Welt um eine Nahtoderfahrung reicher wäre, fänden wir es schön, wenn jemand aus der Familie die Mühen auf sich nehmen würde, eine Woche Gratisurlaub auf deine Kosten zu machen. Und außerdem: Irgendjemand muss ja darauf aufpassen, dass du da unten keinen Scheiß baust. Und bislang bin ich von der Vorstellung nicht überzeugt!«

Rums. Ich fand mich gut. Ich klang genau wie … ja, genau wie mein Vater! Ironisch, bestimmt und vollkommen resistent gegenüber sentimentalem Gemurmel.

Mein Vater stellt sein Murren deswegen postwendend ein, und wir können zum heiteren Teil der Unterhaltung übergehen.

»Ist dir eigentlich langweilig?«, frage ich.

»Och nein, das geht«, sagt mein Vater. »Ich bin ja so ein vorbildlicher Patient.« Er kichert. »Und schlafe ganz viel. Und außerdem bekomme ich jeden Morgen Besuch von Frau Häberle.«

»Wer ist denn das?«

»Das ist eine der weltreisenden Passagiere, die

ich beim Ausschiffen in Shanghai mit einer schweren Lungenentzündung in dieses Krankenhaus hier eingewiesen habe. Am Anfang wollte ich ja nicht, dass sie weiß, dass ich hier bin. Ich bin auf dem Schiff immerhin der dritthöchste Offizier! Die kennt mich nur in Uniform, die soll mich nicht im Leibchen sehen. Und so mit hinten offen und so.«

»Papa!« Das ist mal wieder typisch. »Sei doch froh, dass wenigstens einer Deutsch mit dir spricht!«

»Bin ich ja auch«, gibt Papa zu, »und Frau Häberle ist auch viel netter als die junge Krankenschwester, die neben meinem Bett Sitzwache hält.«

»Bitte was?«, frage ich. »Weiß das Mama?«

»Jaahaa, weiß sie.«

Ich hake nach. Mein Vater hat Damenbesuch in Shanghai, während wir hier hocken und die Zeit zwischen unseren Händen so langsam zerbröselt, dass wir fast wahnsinnig werden. »Aber wieso sitzt die da?«

Jetzt wird Papa kleinlaut. »Na ja, wegen der ganzen Druckverbände. Ich kriege doch Blutverdünner, und zwar nicht zu knapp, und aus den Einstichlöchern der Nadeln sprudelt's nur so.«

»Das ist ja ekelhaft.«

»Findet Frau Häberle nicht«, sagt mein Vater. »Und weißt du, was die gesagt hat, als sie mich gesehen hat? ›Na, dass ich Sie noch mal treffe, hätte ich nicht gedacht, Herr Doktor, und dass es Ihnen noch beschissener geht als mir, erst recht nicht!‹«

Ich erfahre, dass Frau Häberle achtzig ist und aus dem Stuttgarter Raum kommt. Mittlerweile lässt sie sich jeden Tag in ihrem Rollstuhl in das Stockwerk über ihrer Station bringen und besucht meinen Vater, der sein Bett nicht verlassen darf, um mit ihm ein bis zwei Stündchen zu plaudern.

»Und heute haben wir uns zum Mittag eine Pizza geteilt!«, erzählt mein Vater stolz. »Nur trinken mag ich immer noch nicht.«

Aha. Mein Alter nippelt fast ab, weil er zu wenig getrunken hat, und kaum auf dem Weg der Besserung nimmt er wieder die Abkürzung? Ich glaube, es hackt!

»Darf ich fragen, warum?«

»Ach, die elende Urinflasche. Ich darf ja nicht aufstehen. Und in die Flasche pinkeln, also nein, das finde ich ganz schlimm.«

»Schlimmer als sterben?«

Mein Vater schweigt. Gut, dass wir das geklärt haben.

»Ach so, ja, noch eine Frage«, setze ich nach, jetzt, wo der Fisch im Netz ist, »wieso hast du das Schiff eigentlich nicht früher verlassen? Wieso bist du nicht schon in Australien von Bord gegangen und hast dich da behandeln lassen?«

»Weil man so was nicht macht.«

Ich bin mal wieder sprachlos. »Was nicht macht? An Bord abkratzen?«

»Früher von Bord gehen! Die Kreuzfahrtreisen sind ja ein bisschen in Verruf gekommen in den letzten Monaten – erinnerst du dich an das Unglück der Costa Concordia vor der sardinischen Küste?«

»Aber Papa! Das Schiff ist gesunken! Und du warst

krank, du hattest Herzrhythmusstörungen, Himmelherrschaft noch mal!«

»Nein«, mein Vater bleibt stur. Das muss er von mir haben. »Von Bord gehen, das ist inakzeptabel. Das machen nur die Italiener!«

7. Nach Hause

Einen Tag später, am Montag, fuhr ich mit meiner Mutter nach Frankfurt zum Generalkonsulat von China, wir zogen ein Nümmerchen und stellten uns dann in eine Reihe mit sehr, sehr vielen sehr, sehr kleinen Chinesen. Um Punkt dreizehn nach neun öffnete sich der erste Schalter: KASSE. Aha, die Chinesen hatten sich an das deutsch-bürokratische System also schon gewöhnt. Sie waren erfolgreich assimiliert – ich meine: integriert. Bis halb zehn hatten noch zwei weitere Schalter geöffnet, meine Mutter und ich standen mit der spektakulären Nummer 007 in der Hand wie die Deppen an, während sich die kleinen Chinesen alle vordrängelten und hektisch plappernd Formulare unter der Glasscheibe durchschoben.

»Heute früh habe ich mit Papa gesprochen«, sagte meine Mutter auf einmal. »Er hat etwas ganz Seltsames zu mir gesagt.«

Oje. Bestimmt was Sentimentales! Ich konnte mir schon denken, dass ihm jetzt, wo er einen kurzen Blick auf die Himmelspforte hatte werfen dürfen (zumindest durch eines dieser kostenpflichtigen Ferngläser, die immer vor Sehenswürdigkeiten stehen), klargeworden war, was er an uns hatte, wie sehr er uns liebte und wie unermesslich froh er war, wenn er wieder bei uns sein konnte.

»Er will, dass ich Nutella mitbringe. Das chinesische Frühstück bekommt ihm nicht.«

»Aber Papa mag doch gar kein Nutella!«

»Tja ...« Meine Mutter lächelte weise. »Sieht so aus, als ob sich einiges ändert. Er hat zum Beispiel auch gesagt, dass er sich freut, dass ich am Donnerstag komme!«

Na also. Hatte mein kleiner Einlauf also doch geholfen. Wenn auch nur im übertragenen Sinn. Die Sache mit der Urinflasche durfte er auch weiterhin schön allein machen.

Wir warteten und warteten und warteten, und in jeder Minute, die quälend langsam verstrich, kam ich mir mehr wie Jim Knopf vor, der mit Lukas, dem Lokomotivführer, versucht, am Oberbonzen Pi Pa Po vorbei zum Kaiser von China zu kommen. Als wir dann irgendwann endlich dran waren – unfassbar, wie scheinheilig die Nr. 007 sein kann! –, ging alles ganz schnell. Wir erläuterten Herrn Pi Pa Po die Sachlage, die ihn aber herzlich wenig interessierte. In China leben 1,3 Milliarden Menschen – wieso sollte den Oberbonzen gerade das Schicksal eines verirrten Deutschen jucken?

Es dauerte drei Tage, bis wir das Visum abholen und ich meine Mutter endlich in ein Flugzeug bugsieren konnte. Am Donnerstag, genau sieben Tage nach dem unglückverheißenden Anruf aus Istanbul, setzte ich Mama in Frankfurt am Gate ab. In ihrem Koffer schmuggelte sie ein Glas Nutella und zwei Flaschen Rotwein; die Betäubungsmittel, Sprengstoffe, Waffen und Radiosendegeräte sowie die Schriftstücke, deren Inhalt der chinesischen Politik, Wirtschaft, Kultur, Ethik und nationalen Sicherheit schadete, hatte ich ihr glücklicherweise ausreden können. Die waren, im Gegensatz zu allem anderen, nämlich wirklich verboten.

Knapp vierundzwanzig Stunden später schrieb mir meine Mutter eine SMS, sie sei gut im Krankenhaus angekommen und bezöge jetzt ein Bett in Papas Zimmer. Dem ginge es schon viel besser, aber Aufstehen und Laufen dürfe er noch nicht, weshalb sie jetzt immer an der Tür zum Krankenzimmer Schmiere stehe, damit Papa heimlich die richtige Toilette besuchen könne und nicht mehr in Bettpfanne und Urinflasche machen müsse. Außerdem hätten sie direkt am ersten Abend mit einem Gläschen Merlot auf das glückliche Überleben meines Vaters angestoßen, dazu gab es ein paar Löffelchen Nutella, und sie habe auch schon viele Bilder von meinem Vater in Thrombosestrümpfen und Krankenhausleibchen gemacht. Alles sehr lustig.

Ich las die SMS und fragte mich, ob man diese zwei Alten wirklich keine drei Minuten aus den Augen lassen konnte. Und dennoch war ich beruhigt. Darüber, dass aus der kleinen Insel, die mein Vater in den letzten Tagen gewesen war, endlich wieder ein Archipel geworden war. Dass er nicht mehr allein mit seiner Wache haltenden Krankenschwester, deren geschnittene Apfelstücke er nicht annehmen wollte, weil sie so dreckige Fingernägel hatte (er ernährte sich in der ersten Woche deshalb ausschließlich von Bananen und bekam heftige Verstopfung, die ich an dieser

Stelle aber mit Absicht unter den Tisch fallen lasse), in seinem Zimmer saß und über sein Glück im Unglück nachdachte, sondern dass nun endlich jemand bei ihm war, jemand von uns, jemand, der sich um diesen fürchterlich liebens- und lebenswerten Menschen kümmerte.

Die Wochen zogen ins Land, wir skypten alle paar Tage mit meinen Eltern, die uns erzählten, dass sie, nachdem Papa nach zwei Wochen endlich wieder auch offiziell das Bett verlassen durfte, lange Spaziergänge durch Shanghai machten. Ihr erster Weg hatte sie ins ortsansässige Paulaner Hofbräuhaus geführt, wo sie, ganz untypisch für meine ansonsten sehr kosmopolitisch aufgestellten Eltern, ein Wiener Schnitzel mit einer riesigen Portion Bratkartoffeln und sehr viel Bier bestellten, weil es Papa nach der unfreiwilligen Schonkost (Reis, Reis und Reis, dazwischen eine Banane) nach etwas Richtigem gelüstete.

Als sie dann, exakt vier Wochen nachdem mein Vater am Flughafen von Shanghai zusammengebrochen war, an ihrem Gate auf den Aufruf zum Boarding warteten, legten sie eine kleine Gedenkminute ein. Passenderweise war es nämlich genau die Stelle, an der Papa Wochen zuvor den Boden geküsst hatte.

Am Flughafen von Frankfurt, wo ich die beiden nach ihrem langen Rückflug an einem regnerischen Donnerstag abholte, war mir nach langer Zeit wieder einmal leicht ums Herz.

Papa kam heim.

Als ich ihn durch die Schiebetüren von der Ankunftshalle in den Empfangsbereich kommen sah, schossen mir, obwohl ich mir so fest vorgenommen hatte, nicht hysterisch oder sentimental zu werden, die Tränen in die Augen. Er sah so dünn aus. So ausgezehrt, so klein – mein Papa, der einzige Mensch auf der Welt, von dem ich angenommen hatte, dass er niemals ins Straucheln geraten würde.

Aber er war gestrauchelt. Mehr sogar, er hatte die unerfreuliche Bekanntschaft mit der Endlichkeit gemacht.

Mein Vater kam auf mich zu, breitete die Arme aus und drückte mich so fest und so lange, wie er es selten vorher getan hatte.

»Gut siehst du aus«, log ich und war erschrocken darüber, wie sehr auch sein Oberkörper in der Zwischenzeit geschrumpft zu sein schien. Die breite Brust, mit der er sich in den vergangenen Jahren immer gern ins Leben geworfen hatte, war ein Hühnerbrüstchen geworden, und selbst der Wohlstandsbauch war offenbar in China geblieben.

»Deine Mutter ist einfach die beste Medizin«, lächelte er, und seine Augen wurden zu meiner großen Verwunderung glasig. »Schön, dass ich wieder da bin.«

»Daheim«, sagte ich und schluckte.

»Daheim.«

EPILOG

»Guckt mal!« Kichernd kommt mein Vater aus dem Badezimmer gedüst. Er ist mit nichts anderem als seinen Thrombosestrümpfen bekleidet. Mit wirklich *nichts* anderem.

»Oh bitte!«, kreischt Anne und hält sich die Augen zu.

»Schick, was?« Papa grinst und eilt weiter ins Schlafzimmer, um sich dankenswerterweise etwas anzuziehen.

»Ist das normal, dass der schon wieder so gut drauf ist?«, frage ich meine Mutter.

Papa ist seit drei Wochen wieder daheim. Direkt nach ihrer Ankunft haben meine Eltern erst einmal einen zweiwöchigen Spontanurlaub in unserem Ferienhaus eingelegt, wo mein Vater natürlich nichts Besseres zu tun hatte, als den ganzen Tag durch die Gegend zu rennen, viel zu schwer zu heben und sich viel zu wenig auszuruhen.

Also machte meine Mutter eine kompromisslose Ansage und verbot ihm nach der Heimkehr, in den kommenden drei Monaten mehr als sechs Stunden am Tag zu arbeiten oder nach Nachtschichten den normalen Praxisalltag aufzunehmen. Anfangs wehrte er sich noch, aber klammheimlich ist er doch ein bisschen froh, dass er eine so resolute Frau an seiner Seite hat, die ihn das Fürchten lehrt. Immerhin sind sein Herz und seine

Lunge nach wie vor stark vergrößert, und die Thrombosestrümpfe, die er sich jeden Tag brav über die dürren Waden streift, sind nur ein kleiner Teil des Tributs, den er seiner Gesundheit nun zollen muss.

Aber ich kann es nicht leugnen: Dafür, dass er vor ein paar Wochen noch am Ufer des Jordans stand und ein paar Steinchen ins Wasser schmiss, geht es ihm heute schon wieder bemerkenswert gut.

»Wart nur ab, das wird ihm eine Lehre sein«, hatten Bekannte meiner Eltern und Freunde von mir am Anfang seiner Genesung gesagt, aber mir kam dieser Optimismus mehr als fragwürdig vor. Ich konnte mir zu keiner Zeit vorstellen, dass mein Vater aus irgendetwas eine Lehre zieht, besonders nicht, wenn er so glimpflich davongekommen war. Und die Wirklichkeit sollte mir recht geben.

»Es gibt«, fängt meine Mutter mit ihrer Erklärung an, »genau zwei Sorten von Menschen. Die einen ändern ihr Leben. Das sind meistens die, die entweder eine sehr schmerzhafte Krankheit oder eine sehr lange Genesungsphase hatten. Krebs, Herzinfarkt, Schlaganfall – alles, was lange dauert, bis man wieder auf dem Damm ist. Und dann gibt es die anderen, zu denen natürlich auch dein Vater gehört. Das sind die, die Blut geleckt haben. Die gemerkt haben, wie kurz das Leben ist, und die die verbleibende Zeit nicht in Schonhaltung verbringen, sondern das Leben mit vollen Händen ausschöpfen wollen.«

Seien wir ehrlich: Alles andere hätte mich auch sehr gewundert. Die größte Aufgabe von Eltern ist, ihre Kinder irgendwann aus der Obhut zu geben und sie vertrauensvoll ihren eigenen Weg gehen zu lassen. Die größte Aufgabe von Kindern ist, zu akzeptieren, dass man die eigenen Eltern nicht ändern kann und sich am besten so schnell wie möglich mit den Gegebenheiten, und seien sie noch so fragwürdig, abfindet.

Meine Schwestern und ich werden uns daran gewöhnen müssen, dass unser Vater immer auf einem dünnen Drahtseil zwischen Todessehn- und Kontrollsucht balancieren wird. Er wird sich nie ausruhen, nur weil ihm einer sagt, dass er eine Pause braucht. Er wird seine aktinische Keratose nicht behandeln lassen, nur weil ihm ein befreundeter Hautarzt sagt, dass er das machen sollte. Er wird nicht weniger *er* sein, nur weil seine Familie manchmal mit dem sehr viel *er* zu kämpfen hat. Und er wird niemals, wirklich niemals auf die Idee kommen, sich vom Leben vorschreiben zu lassen, wie er es zu bestreiten hat. Das ist die natürliche Arroganz der Weißkittel. Und ich finde mich lieber so schnell wie möglich damit ab, dass mein Vater immer mit dem Feuer spielen wird, anstatt über die Kälte zu jammern.

Das einzige Opfer, das er zu bringen bereit ist (außer den Strümpfen, die er mit beinahe kindlichem Eifer trägt), sind die blutverdünnenden Tabletten, die er jeden Tag einnimmt. Die blöden Dinger kosten acht Euro am Tag. Acht Euro! Das kann ich nicht mal verrauchen, und das kann sich wirklich nur ein Arzt leisten. Nicht, dass er irgendetwas auf die Nebenwirkungen oder die eigentlich zwangsläufigen Veränderungen, die eine permanente Einnahme von

Blutverdünnern mit sich bringt, geben würde. Ein weniger riskantes Leben führen, nur weil man bei einem Sturz vom Fahrrad verbluten könnte? So ein Quatsch!

Aber mein Vater wäre nicht mein Vater, wenn er sich um derlei Nebensächlichkeiten auch nur eine Sekunde scheren würde.

Vor ein paar Tagen erzählte er uns ganz nebenbei, dass er immer noch versuche, hinter das Geheimnis zu kommen, warum er von der Thrombose so gar nichts gespürt habe. Normalerweise erleiden Menschen, deren Venen verstopfen, fürchterliche Schmerzen. Mein Vater war die ersten Wochen auf dem Schiff quietschfidel und wurde erst misstrauisch, als ihm die Luft wegblieb – und selbst da vermutete er eher eine Herzmuskelentzündung als eine durch Thrombosen verursachte Lungenembolie. Von einer Verstopfung in seinen Beinen merkte er rein gar nichts.

»Vielleicht habe ich einen positiven Leiden-Faktor«, erklärte er uns.

»Bitte was?« Mir blieb die Spucke weg.

Wenn mein Vater eines nicht hatte, dann einen stark ausgeprägten Leidenfaktor!

»Nein, nein, ich meine es ernst. Es gibt eine Genmutation, die sogenannte Faktor-V-Leiden-Mutation. Etwa fünf Prozent der gesamten europäischen Bevölkerung sind Träger der Mutation. Und das Beste: Weil die standardmäßige Überprüfung auf den Gendefekt zu teuer ist, wird darauf komplett verzichtet. Das heißt, dass da draußen Millionen von Menschen rumlaufen, die nicht wissen, dass sie einen Blutgerinnungsdefekt haben. Ich habe von einer jungen Frau gelesen, die hatte vier Fehlgeburten, und erst als sie an eine Ärztin geriet, die sie positiv auf den Leiden-Faktor testete und ihr dann Blutverdünner verschrieb, hat sie ein gesundes Kind geboren.«

»Moment mal«, insistierte ich. »Du sagst Mutation – demnach ist es erblich?«

»Ja.«

»Aber doch bitte nicht dominant.«

»Na klar dominant, sonst könnte es sich ja nicht so verbreiten.«

»Heißt das, dass ich mich mal untersuchen lassen sollte?«

»Du? Warum? So ein Unsinn!«

Papa war also wieder ganz der Alte.

»Würdest du dich dann bitte mal testen lassen?«

Mein Vater nickte geistesabwesend. »Ja, ja. Irgendwann.« Er war in Gedanken schon wieder ganz woanders.

»Wisst ihr, wovor ich am meisten Angst hatte?«, sagte er plötzlich, und wie immer, wenn er das Thema anschnitt (was selten passierte, natürlich), legte sich ein Schatten auf sein Gesicht, und sein Blick wies in weite Ferne.

»Du hattest Angst, dass du stirbst«, schlug Anne vor.

»Nein. So ein Unsinn. Vorm Sterben hatte ich natürlich keine Angst.«

Natürlich nicht.

»Uns nicht wiederzusehen?«, fragte ich hoffnungsvoll.

Papa wedelte meinen Vorschlag mit einer Hand beiseite.

»Auch – aber vor allem hatte ich Angst, wie Tante Erika in einem Bett zu enden, als Pflegefall, und jemand anderes muss mir den Hintern abwischen. Oder wie Opa, im Krankenhaus an vielen Schläuchen und Geräten, die mein Leiden dann verlängern. Wenn ich nicht mehr das Leben führen kann, das ich jetzt führe, dann gibt es für mich keinen Grund, weiter auf dieser Erde zu weilen.«

Ich schwieg. Mein Vater hatte also mehr Angst davor, ein Pflegefall zu werden, als zu sterben.

»Deswegen habe ich mit Mama auch eine Vereinbarung getroffen«, fuhr er fort. »Wenn der Fall eintreten sollte, dass ich mich nicht mehr allein versorgen kann, dann wird sie mir eine Spritze geben.«

»Was für eine Spritze?« Juliane riss die Augen auf.

Wir hatten Gift im Haus? Gut zu wissen.

»Insulin. Da schläft man ganz friedlich ein, und aus die Maus.«

»Äh, schon mal was vom hippokratischen Eid gehört?«

»Aber der gilt doch nicht für Mama!«

»Okay, was ist mit der Bibel? Du sollst nicht töten? Gilt das für Mama auch nicht?«

»Papperlapapp! Das ist ja auch kein Mord. Das ist die freundliche Unterstützung beim vorzeitigen, aber selbstbestimmten Ableben.«

Moment mal – mein Vater verlangte von meiner Mutter, dass sie ihm die Todesspritze gab, wenn er beschloss, dass sein Leben nicht mehr lebenswert genug war? Was maß sich dieser dickköpfige, halsstarrige Mensch da eigentlich an? Was war denn bitte mit uns?

Mit seinen Töchtern? Der Frucht seiner Lenden? Und seinen Enkeln, die es zwar noch nicht gab, die aber garantiert kommen und sicher auch ganz gern ihren Opa kennenlernen würden? Waren wir nicht Grund, ein paar Einbußen in Kauf zu nehmen, statt sechsmal im Jahr nur dreimal zu verreisen und seinen Lebensabend in besinnlicher Eintracht mit meiner Mutter auf der Hollywoodschaukel zu verbringen? Wir brauchten doch einen Babysitter!

Mir dämmerte: Mein Vater hatte Angst zu altern. Angst davor, die Selbstständigkeit zu verlieren, die für ihn das höchste Gut war. Er wollte hoch hinaus, weit weg und in rasanter Fahrt wieder zu Hause ankommen, das hatte er immer schon gewollt. Und sollte sich an der Fähigkeit, dieses Leben in dem Maße zu führen, wie er es für richtig erachtete, etwas ändern, dann wollte er die Abkürzung nehmen.

Er wollte mogeln! Und überhaupt: Was war, wenn meine Mutter vor ihm starb? Wer gab ihm dann die Spritze?

»Also, in dem unwahrscheinlichen Fall, dass eure Mutter vor mir das Zeitliche segnet, dann wird das mit der Spritze doch wohl einer von euch hinkriegen!«

»Also, ICH werde dir garantiert keine Spritze geben!«, rief Anne entrüstet und verschränkte beleidigt die Arme vor der Brust.

Okay, das war verständlich. Anne fiel in Ohnmacht, wenn sie Spritzen sah – das würde ein sehr, sehr langes Ableben von Papa werden, wenn sie sich darum kümmern würde.

»Dann macht das eben die Caro.«

Na, das war klar. Am Ende blieb es wieder mal an mir hängen. Pah. Immer auf die Großen!

»Ich habe euch schließlich nicht zu Waschlappen erzogen – und den EINEN Gefallen werdet ihr eurem alten Vater, der immer nur das Beste für euch wollte, dann doch sicher erfüllen!«

Ich schwieg. Und vielleicht war es auch besser, dass ich meinen nächsten Gedanken nicht laut aussprach: Na, das wollen wir doch mal sehen.

Danksagung

Mein größter Dank gilt meinem Vater: Papa, du hast mich gelehrt, dass man aus jeder Situation immer nur das Beste machen sollte. Deswegen hatte ich auch nur wenig moralische Bedenken, als ich anfing, ein Buch über unser Leben mit dir zu schreiben – obwohl du zu diesem Zeitpunkt noch in China im Krankenhaus lagst. Du hast mir später einmal gesagt: »Dann war das ganze Theater am Ende ja doch für etwas gut!« Und dann hast du gelacht und mir gesagt, wie stolz du auf mich bist. Insofern haben dich dein unfreiwilliger verlängerter Aufenthalt in Shanghai und die flüchtige Bekanntschaft, die du mit dem Jenseits geschlossen hast, doch verändert: Du bist weicher geworden, sentimentaler zuweilen, und das steht dir auf deine alten Tage wirklich außerordentlich gut zu Gesicht. Mir bedeutet das mehr, als du dir vermutlich vorstellen kannst. Und deswegen bin ich es, die sich bei dir bedanken muss. Du hast uns wirklich nicht verzogen, aber uns immer einen aufregenden und spannenden Alltag beschert. Und du hast uns gut vorbereitet auf alles, was das Leben einem so bietet – selbst dann, wenn es ganz und gar unerwartet kommt.

Dir, liebe Mama, möchte ich außerdem danken. Du hast uns beigebracht, wie man einen solch liebenswerten, aber anstrengenden Mann bändigt, wie man seine Allüren erträgt, ihm aus dem Weg geht, wenn er

Fahrt aufnimmt, und über seine irren Pläne schmunzelt. Mit einer unendlichen Ruhe hast du uns vorgelebt, wie schwer und wie einfach es mit jemandem sein kann, der so ist wie Papa, und wie viel Größe dazugehört, bei einem so schillernden Charakter nicht sich selbst und seine eigenen Träume zu verlieren.

Bei meinen beiden Schwestern möchte ich mich dafür bedanken, dass sie mir erlaubt haben, die zum Teil sehr bösen Dinge, die ich in unserer Kindheit mit ihnen angestellt habe, hier aufzuschreiben. Ich weiß, es ist nicht immer leicht, meine Schwester zu sein. Aber bestimmt macht es manchmal trotzdem ein bisschen Spaß.

Dem Mann, der es in der Zwischenzeit sogar gewagt hat, in diese verrückte Familie einzuheiraten, danke ich von ganzem Herzen. Danke für dich, deine Nachsicht, deinen Glauben an mich und deine unermüdliche Geduld mit mir und meinen Pappenheimern.

Zum Schluss bedanke ich mich bei Ann-Kathrin Schwarz, die mich auf die Idee gebracht hat, meine Geschichte aufzuschreiben. Bei Oliver Brauer, dem besten Agenten von allen, der so viel Geduld und Nachsicht mit mir hat, und bei Carlo Günther, der mich ihm vor vielen, vielen Monden vorgestellt hat. Bei all meinen lesewütigen Freunden, die mir mit Rat und Tat zur Seite standen. Und bei Susanne Haffner, meiner Lektorin, die mich in anregenden und persönlichen Gesprächen auf viele Ideen gebracht und auf Besonderheiten gestoßen hat, die das Dasein als Ärztekind so mit sich bringt – du weißt ja selbst am besten, wie das ist.

Manch einem wird Krankheit zum Segen und Gesundheit zum Schaden. Gott weiß schon, was uns vorwärtsbringt.

Aurelius Augustinus, 354–430

Hast du auch eine Geschichte zu erzählen?

Dann raus damit! Auf www.aerztekind.de sammelt Carolin Wittmann all die lustigen, traurigen und bemitleidenswerten Geschichten und Anekdoten von anderen Ärztekindern.

»Schockierende Erlebnisse von der Bildungsfront aus erster Hand.«

Stefan Aust

Philipp Möller
ISCH GEH SCHULHOF
Unerhörtes aus dem Alltag eines Grundschullehrers
368 Seiten
ISBN 978-3-404-60696-2

Heute ist Klassenausflug. Bowlen – damit die Kinder sich endlich mal so richtig austoben können. Als ich den Klassenraum betrete, stürmen die ersten schon auf mich zu.
»Herr Mülla, iebergeil!«, ruft Ümit. »Isch mache Strike, ja? Schwöre, schmache eine Strike!« Mit wilden Bowling-Trockenübungen steht er vor mir. Wenn er nachher tatsächlich so bowlt, nehme ich mir besser einen Helm mit.
Aushilfslehrer? Ein lockerer Job, denkt Philipp Möller – bis zur ersten Stunde in seiner neuen Klasse: Musikstunden erinnern an DSDS, hyperaktive Kids flippen ohne ihre Tabletten aus und zum Frühstück gibt es Fastfood vom Vortag. Möllers Geschichten aus dem deutschen Bildungschaos sind brisant und berührend, und dabei urkomisch.

Bastei Lübbe Taschenbuch

Werde Teil der Bastei Lübbe Welt
www.luebbe.de/Meinewelt
Lesen, rezensieren, Bücher gewinnen
Lerne Autoren, Verlagsmitarbeiter und andere Leser kennen
You Tube
BASTEI LÜBBE
www.luebbe.de